数学者的思考トレーニング
代数編

上野健爾
Kenji Ueno

数学者的思考トレーニング

代数編

岩波書店

序

本書は雑誌『大学への数学』1969年5月号から翌年の3月号に連載したものに加筆したものである．当時，筆者は大学院修士課程の2年生であった．その前年から『大学への数学』の添削問題の添削をアルバイトで行っていた．当時の大学入試には現代数学を書き直した形の問題がよく出題されており，『大学への数学』も今日から考えると随分高度な数学を取り扱っていた．しかも，高校生の読者から新作問題を受けつけ，それがたいへん面白い問題であることが多かった．受験と称しながら，多くの高校生が数学を存分に楽しむ伝統が当時の『大学への数学』には色濃く反映されていた．

しかし，そうした問題も大学で現代数学を学んだ一大学院生からはその取り扱いが中途半端に思えることが多く，何度か編集部にそのことについて話をしたことを記憶している．とくに，気になったのが本書第8章の問題4に取り上げられた入試問題の解法であった．一次独立という線形代数の基本概念を提示すべきだと主張し，編集部の方たちと議論をした．その結果，ともかくもまず，現代数学の雰囲気を伝える小論を書いてみてほしいと編集部から頼まれた．それが本書第1章である．少し難しすぎるというのが編集部の意見であったが，幸いに『大学への数学』への掲載が許され，さらにその後の連載も決まった．それが本書第2章から第10章の前半部分である．この連載では，述べたいことがたくさんある一方で，紙数が限られていたこともあり，行間を読まなければならないような記述になったが，それでも何人かの高校生に読んでもらえたようである．後年，『大学への数学』でこの連載を読んだと言われて面映ゆい思いをしたことが何度かあった．

そうした読者の一人であった黒川信重さんから強くすすめられて，旧稿を本にまとめることになった．旧稿の行間を埋めるべきか否か，かなり迷ったが，加筆すると文章の勢いが崩れてしまい，かえって読みにくくなることをおそれて，加筆は最小限にとどめた．ただ，連載では最後の部分が紙数の都合で当初の目的通りに筆を進めることができなかったので，今回その部分は大幅に加筆し，ガロア理論への入門を記すことができた．

本書の刊行を快諾された東京出版『大学への数学』編集部と岩波書店編集部には心から謝意を表したい．

2010 年 6 月

上 野 健 爾

本書を読むにあたって

本書の内容に関して簡単に記して，読者への道案内としたい．

第 1 章はリーマン予想とラマンジャン予想(今日ではラマヌジャンと記すことが多い)について述べたもので，第 2 章以下の内容とは直接は関係しない．記述が簡単すぎると思われる読者は第 2 章から読み始められることをお勧めする．

第 2 章と第 3 章は 1969 年慶應義塾大学工学部の入試問題の背景に，絶対値や加法付値の理論があることを紹介したものである．絶対値は私たちが通常使っている絶対値以外に非アルキメデス絶対値という一見奇妙な絶対値があり，それが慶應義塾大学の入試問題と関係している．また絶対値は加法付値と呼ばれるものと表裏一体をなしており，この理論を突き詰めていくと驚くなかれ第 1 章で考察したリーマンのゼータ関数とも深い関係があることがわかっている．また，本書では述べることはできなかったが，代数関数論や代数幾何学とも密接に関係している．このように，高校数学とは直接関係しない単なる遊びのように見える入試問題が現代数学と深く結びついていることを述べるのがこれらの章の目的である．

第 4 章では現代の代数学で重要な役割をする環と体という考え方の基本を述べた．環は足し算，引き算と掛け算ができる“数”の体系であり，体は四則演算ができる“数”の体系である．整数や分数として日頃なじみのあるものをいざ数学的に定義すると，かえってわかりにくいように思われるかもしれないが，きちんと定義することによって，環や体が活躍できる場がわかり，世界が拡がることがわかる．本書でも少し取り扱った有限体は符号理論で大切な役割をし，その符号理論は携帯電話を毎日不自由なく使うことができるためになくてはならない存在となっている．純粋に数学の理論のために工夫された理論が，後の時代に重要な応用を持つ一例である．

第 5 章と第 6 章ではベクトル空間とベクトル空間の理論で大切な役割をす

る一次独立という考え方について述べた．これは1969年の一橋大学の入試問題の背後にある数学を述べたものである．この入試問題はベクトル空間の理論だけでなく，体の拡大――それは数の世界を拡げていくことを意味するが――の理論と深く結びついている．第7章以下は体の拡大の理論を述べてガロア理論への入り口まで辿り着くことを目標とした．正17角形は定規とコンパスを使って描くことができるという事実を聞かれたことがあるかもしれないが，このことも体の拡大やガロア理論と深く関わっている．第8章の演習問題と第11章で正17角形の作図のもととなる方程式の解法を少し詳しく記してみた．体の拡大の理論ではさまざまな角度から理論を見る必要があり，環とそのイデアルが大切な役割をする．

本書ではたくさんの新しい概念が登場して，読むのに苦労されるかもしれないが，ノートをとりながらゆっくり読まれることをお勧めする．現代社会は何事も即座にできることを求めるが，古代ギリシア以来「数学に王道はない」のであり，時間をかけてゆっくり進むことこそ，実は一番の早道である．

なお，本書は「代数編」と銘打ちながら，解析と関係する問題も少なからず収録した．それは数学は本来一つであり，代数・幾何・解析と区別するのは単に学ぶための便宜にすぎないからである．

本書から数学の考え方の自由さを感じ取ってもらえることを希望する．

本書で使う記号

整数 $\cdots, -3, -2, -1, 0, 1, 2, 3, \cdots$ の全体を $\mathbb{Z}$ と記す.

有理数, 言い換えると分数 $\dfrac{m}{n}$, m, $n \neq 0$ は整数の全体を $\mathbb{Q}$ で表し, **有理数体**と呼ぶ.

実数の全体を $\mathbb{R}$ で表し, **実数体**と呼ぶ.

複素数の全体を $\mathbb{C}$ で表し, **複素数体**と呼ぶ.

ものの集まりを**集合**といい, A, R, S などの記号を使う.

集合 A を成り立たせているものを, 集合 A の**元**または**要素**といい, a が集合 A に属している(集合 A の元である)ことを $a \in A$ と記す. また a が集合 A に属していないことを $a \notin A$ と記す.

集合 A に属するすべての元が集合 B に属している, すなわち, 記号を使うなら, $a \in A$ であれば $a \in B$ のとき $A \subset B$ と記し, 集合 A は集合 B の**部分集合**であるという. たとえば, 偶数の全体 A は整数の全体 $\mathbb{Z}$ の部分集合である. このことを

$$A = \{\, m \in \mathbb{Z} \mid m \text{ は偶数} \,\}$$

と記すことがある. 同様に, たとえば,

$$C = \{\, m \in \mathbb{Z} \mid 3 \leqq m < 200 \,\}$$

は 3 以上で 200 より小さい整数がなす集合である. また, 二つの集合 A, B に対して A に属しているが B には属していない元の全体を $A \backslash B$ と記す.

$$A \backslash B = \{\, a \in A \mid a \notin B \,\}$$

ここで $a \notin B$ は a は B の元でないことを意味する.

目　次

1　二つの予想
—リーマンのゼータ関数をめぐる話題

数学科希望者のための話題を，との編集部からの注文である．研究〈現場〉の雰囲気なりとも，お伝えしたいと思う．さて

$$1+\frac{1}{2^2}+\frac{1}{3^2}+\frac{1}{4^2}+\frac{1}{5^2}+\cdots=\frac{\pi^2}{6} \tag{1}$$

という式はあちこちでよく見かける．しかしこの無限級数の和を求めることは簡単ではない．微分積分学をさらに発展させた数学が必要になる．そのことは機会があれば「解析編」で述べることにして，ここではこの和を求めるのではなく，この無限級数に関係したいくつかの話題を述べよう．まず(1)の級数を，もう少し一般的な形にして考察することから始めよう．

問題 1　$\displaystyle\sum_{n=1}^{\infty}\frac{1}{n^s}$ は $s>1$ で収束し，$s\leqq 1$ で発散することを証明せよ．

解答

• $s>1$ のときは，$y=\dfrac{1}{x^s}$ のグラフを考えると

$$\sum_{n=1}^{N}\frac{1}{n^s}<1+\int_1^N\frac{dx}{x^s}$$
$$=1+\frac{1}{1-s}\left(\frac{1}{N^{s-1}}-1\right)$$

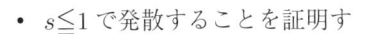

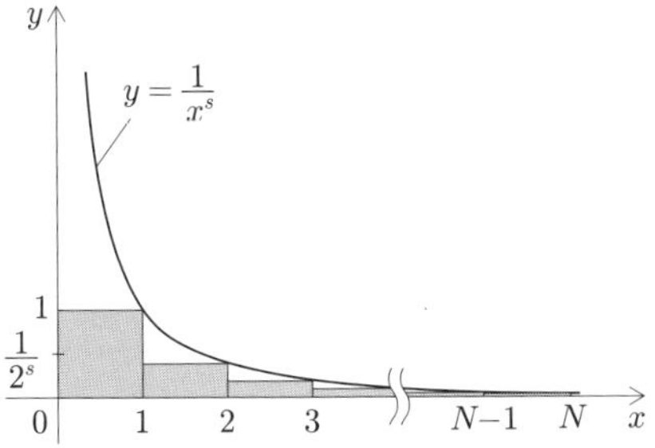

右辺は $N\to+\infty$ のとき $\dfrac{s}{s-1}$ に収束．級数 $\sum\dfrac{1}{n^s}$ は各項が正であるから，$s>1$ のときは，収束する．

• $s\leqq 1$ で発散することを証明す

るには，$s \leqq 1$ のとき

$$\frac{1}{n^s} \geqq \frac{1}{n}$$

であるから，$\displaystyle\sum_{n=1}^{\infty} \frac{1}{n}$ が発散することを示せば十分である．

$y=\dfrac{1}{x}$ のグラフを考えることによって

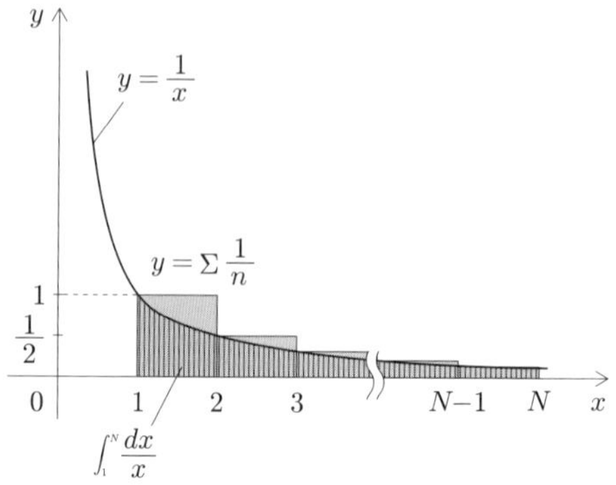

$$\sum_{n=1}^{N} \frac{1}{n} > \int_1^N \frac{dx}{x} = \log N$$

右辺は $N \to +\infty$ のとき，$+\infty$ に発散する．

したがって $\displaystyle\sum_{n=1}^{\infty} \frac{1}{n}$ も $+\infty$ に発散する．

このことから $s>1$ に対して，s の関数

$$\zeta(s) = \sum_{n=1}^{\infty} \frac{1}{n^s}$$

が定義される．この関数が，これからの中心的な話題となる．$\zeta(s)$ は通常**リーマンのゼータ関数**と呼ばれている．$\zeta(s)$ は s の関数として，無限回微分可能であり，実はそれ以上に強い性質を持っていることもわかっているが，そのことはさしあたり問題にしないことにしておく．話をさらに進めるために，無限乗積について，少し説明しておく必要がある．

$a_1, a_2, \cdots, a_n$ に対して積

$$a_1 \cdot a_2 \cdot \cdots \cdot a_n$$

をあらたに記号を導入して

$$\prod_{k=1}^{n} a_k$$

と書くことにする($\prod$ は積 product の p に対するギリシャ文字である．和の記号 $\sum$ が，和 sum の s に対するギリシャ文字であるのと同様である)．

さて数列 $\{a_n\}$ で $a_n \neq 0$ $(n=1, 2, \cdots)$ なるものが与えられたとする．この数列より，$P_n = \prod_{k=1}^{n} a_k$ と定義して，新しい数列 $\{P_n\}$ をつくる．この新しい数列 $\{P_n\}$ が $n \to +\infty$ のとき，0 でない極限値 P を持つとき，

$$\text{無限乗積 } \prod_{k=1}^{\infty} a_k \text{ は } P \text{ に収束する}$$

といい，

$$\prod_{k=1}^{\infty} a_k = P$$

と書く．

$\{P_n\}$ が収束しないか，または 0 に極限値を持つとき，無限乗積 $\prod_{k=1}^{\infty} a_k$ は発散するという．$\{a_n\}$ のうち有限個の a_n のみが 0 になるとき，無限乗積 $\prod_{k=1}^{\infty} a_k$ の収束，発散は，$\{a_n\}$ から $a_n=0$ なる項を除いてできた数列の無限乗積の収束，発散によって定義する．ただし今度は最初の場合と違って収束する場合は $\prod_{k=1}^{\infty} a_k = 0$ となる．$\{a_n\}$ のうち無限に多くの a_n が 0 になるときは，無限乗積は考えない．

いくつか例をあげよう．

$\prod_{k=1}^{\infty} \dfrac{1}{k}$ とすると $P_n = \prod_{k=1}^{n} \dfrac{1}{k} = \dfrac{1}{n!}$．したがって $\lim_{n\to\infty} P_n = 0$ だから，この無限乗積は発散する．

$\prod_{n=1}^{\infty} \left(1 + \dfrac{(-1)^{n-1}}{n}\right)$ に対しては，n が偶数か奇数かで場合分けする．

- $n=2m$ のとき：

$$\begin{aligned} P_n &= \prod_{k=1}^{2m} \left(1 + \frac{(-1)^{k-1}}{k}\right) \\ &= \left(1+\frac{1}{1}\right)\left(1-\frac{1}{2}\right)\left(1+\frac{1}{3}\right)\cdots\left(1+\frac{1}{2m-1}\right)\left(1-\frac{1}{2m}\right) \\ &= \frac{2}{1}\cdot\frac{1}{2}\cdot\frac{4}{3}\cdot\frac{3}{4}\cdot\cdots\cdot\frac{2m}{2m-1}\cdot\frac{2m-1}{2m} = 1. \end{aligned}$$

- $n=2m+1$ のとき：

$$\begin{aligned} P_n &= \prod_{k=1}^{2m+1}\left(1+\frac{(-1)^{k-1}}{k}\right) \\ &= \prod_{k=1}^{2m}\left(1+\frac{(-1)^{k-1}}{k}\right)\left(1+\frac{1}{2m+1}\right) \\ &= P_{2m}\cdot\frac{2m+2}{2m+1} = \frac{2m+2}{2m+1} = \frac{n+1}{n}. \end{aligned}$$

以上より $\lim_{n\to\infty} P_n=1$ となるから

$$\prod_{n=1}^{\infty}\left(1+\frac{(-1)^{n-1}}{n}\right) = 1.$$

問題 2　$s>1$ のとき

$$\zeta(s) = \prod_{p \text{ 素数}} \frac{1}{1-\dfrac{1}{p^s}} \tag{2}$$

が成立することを証明せよ．ただし，p はすべての素数を動くものとする．

解答

$$\frac{1}{1-\dfrac{1}{p^s}} = 1+\frac{1}{p^s}+\frac{1}{p^{2s}}+\cdots$$

であるから，$N>2$ に対して

$$\prod_{\substack{p\leqq N \\ p \text{ 素数}}} \frac{1}{1-\dfrac{1}{p^s}} = \sum_{0<n\leqq N}\frac{1}{n^s}+{\sum}'\frac{1}{n^s}$$

が成立する．ただし，右辺の第 2 項の $\sum'$ は N より大きな素数では割りきれないような整数 $n>N$ についての和を表わす．

ここで $n\leqq N$ のとき，N 以下の素数 $p_1,\cdots,p_l$ を適当に選んで $n=p_1^{m_1}\cdot p_2^{m_2}\cdot\cdots\cdot p_l^{m_l}$ と書けること，よって

$$\frac{1}{n^s} = \frac{1}{p_1^{m_1 s}}\cdot\frac{1}{p_2^{m_2 s}}\cdot\cdots\cdot\frac{1}{p_l^{m_l s}}$$

となることを使った．

$\displaystyle\sum_{n=1}^{\infty}\frac{1}{n^s}$ が $s>1$ で収束することから，右辺の第 2 項は $N\to\infty$ のとき 0 に近づき，第 1 項は $\zeta(s)$ に近づく．したがって，無限乗積の定義より (2) の式が成立することがわかる．

(2) の右辺の無限乗積は，初めて (2) の式を証明したオイラー (1707-83) を記念して**オイラー積**と呼ばれる．(2) の式はきわめて重要な意味を持っている．ここでは (2) を利用して，次の問題を考えてみよう．

問題 3 $\zeta(2)=\dfrac{\pi^2}{6}$ が無理数であることを用いて，素数が無限に多く存在することを証明せよ．

解答 背理法によって証明する．素数が有限個しか存在しないとして，それらを $p_1,\cdots,p_l$ とする．(2) より

$$\zeta(2)=\prod_{i=1}^{l}\frac{1}{1-\dfrac{1}{p_i^2}}.$$

さて $1-\dfrac{1}{p_i^2}=\dfrac{p_i^2-1}{p_i^2}$ は有理数，したがって

$$\frac{1}{1-\dfrac{1}{p_i^2}}$$

も，もちろん有理数となる．有理数の有限個の積は有理数であるから，$\zeta(2)$ は有理数でなければならない．一方，$\zeta(2)=\dfrac{\pi^2}{6}$ は無理数であるから，これは矛盾である．

$\zeta(2)=\dfrac{\pi^2}{6}$ を証明することは簡単ではないし，$\dfrac{\pi^2}{6}$ が無理数であることの証明も簡単ではないから，素数が無限にあることの証明としては，上の方法はあ

まりすぐれたものではない．しかし上の証明は重要なことを示している．

有理数を項とする無限乗積 $\prod_{k=1}^{\infty} a_k$ は収束したとしても，その値が有理数になるとはかぎらない．

有理数の有限個の積は，必ず有理数であることと比較するならば，著しい違いがあることに気づくであろう．このことは，無限乗積が極限を用いて定義されたことと各項が有理数である数列 $\{a_n\}$ の極限値が，必ずしも有理数にはならないことによる．

実は無理数は，必ず有理数を項とする数列の極限として表わすことができる．このことはよく知られた事実である．実際，無理数を無限小数で表わして，小数第 n 位まで取って，残りを切り捨てた数を a_n とすれば，a_n は有理数であり，$n \to \infty$ で a_n は最初の無理数に収束する．

実数とはなにかという問題は，一見やさしそうで，それほど簡単ではない．高校では，実数はなんとなくわかったものとして取り扱っているが，いざ正面きって，実数とはなにかと問われたら，多くの人は困ってしまうであろう．任意の実数は，有理数の数列の極限で表わすことができるという事実は，実数を定義することについて，一つの示唆を与えている．

大学へ入学して，微分積分学で実数を定義することから始めるのは，一切のあいまいさを許さない数学にとっては，どうしても必要なのである．有理数から実数をどのようにして定義していくかに興味を持たれる読者に，

デデキント『数について』河野伊三郎 訳（岩波文庫）

の第一篇「連続性と無理数」を一読されることをおすすめする．実数のはっきりした定義が，わずか 120 年前に与えられたという事実に，読者はおどろかれるに違いない．

話が横道にそれてしまったが，問題 2，問題 3 に関連して，さらに次の問題を考えてみよう．

問題 4　$\sum_{n=1}^{\infty} \frac{1}{n}$ が発散することを利用して，素数が無限にあることを証明せよ．

解答　背理法による．素数が有限個しかないとして，それらを $p_1, \cdots, p_l$ とする．問題 2 と同様にして $N>2$ なる任意の整数に対して

$$\prod_{i=1}^{l} \frac{1}{1-\frac{1}{p_i}} > \sum_{n=1}^{N} \frac{1}{n}.$$

左辺は有限であり，一方，右辺は $N \to +\infty$ のとき $+\infty$ に発散するから矛盾である．

これは問題 3 にくらべれば，素数が無限にあることの証明としては，はるかに簡単である．しかしもっと容易な証明があることはよく知られている．念のためにそれを書いておこう．

問題 5　素数は無限にあることを証明せよ．

解答　背理法による．素数が有限個しかなかったとしてそれらを $p_1, p_2, \cdots, p_l$ とする．今 $N=p_1 \cdot p_2 \cdot \cdots \cdot p_l+1$ とすると N は $p_1, p_2, \cdots, p_l$ のいずれでも割りきることはできない．したがって N は 1 と N 以外では割りきれず，したがって N は素数になるが，これは $p_1, p_2, \cdots, p_l$ 以外に素数はないという，最初の仮定に矛盾する．

この証明は昔から知られている，おそらく一番簡単な証明であろう．読者も，ほかに種々の証明を考えてみられると面白いであろう．

1.1　リーマン予想

さてリーマンは $\zeta(s)$ を単に $s>1$ で定義された関数と考える以上に，s を複素数のときにまで拡張して考えた．実は複素数 s に対して n^s が定義できる．

$s=\sigma+it$ とするとき（ただし i は虚数単位）

$$n^s = n^\sigma(\cos(t\log n)+i\sin(t\log n))$$

と定義して(なぜこのように定義するかについては，ここでは述べる余裕がない．本シリーズ解析編で述べる．)

$$\zeta(s) = \sum_{n=1}^{\infty} \frac{1}{n^s}$$

とおくと，Re $s>1$(Re s は s の実部，上記の σ を表わす)に対しては $\zeta(s)$ が定義される．リーマンはこの関数 $\zeta(s)$ が，$s=1$ なる点を除いたガウス平面上で定義される(関数論の言葉を使えば有理型関数といわれる特別な関数なのである)ことを見出した．

$\zeta(s)$ は $s=-2,-4,-6,\cdots$ なる点で 0 となり，Re $s>1$ では $\zeta(s)$ は決して 0 にならない．リーマンは 1859 年に今日彼の名が冠せられている予想を発表した．

リーマン予想

$\zeta(s)$ の零点($\zeta(s)=0$ なる s のこと)は，上記のもののほかは，すべて Re $s=\dfrac{1}{2}$ なる直線上にある．

もっとも，彼はこれを予想として述べただけではなく，「これを証明したが，複雑であり，まだ簡明にすることはできない」と，友人への手紙に述べているのである．はたしてリーマンは正しい証明を持っていたのかどうか永遠の謎である．リーマン以後，この予想は誰もが正しいと確信しながら，リーマンの死後 150 年たった現在でも，まだその証明に成功していない．多くの数学者がこの問題を解くために奮闘し，そこから新たな数学が創造されていった．そして一見なんの関係もないと思われた事実が，その根底において，リーマン予想ときわめて密接な関係のあることが，見出されたのである．

リーマンが $\zeta(s)$ を考えたのは，素数定理を証明するためであった．

N を超えない素数の個数を $\pi(N)$ とするとき，$\pi(N)$ は，ほぼ $\dfrac{N}{\log N}$ に等しいというのが素数定理である．このことは，19 世紀の初頭から予想されていたのであるが，実は，この素数定理は $\zeta(1+it)\neq 0$ から証明されるのである．リーマン予想が正しければ，もちろん $\zeta(1+it)\neq 0$ だから，素数定理が証明されるのである．リーマンの予想は大変むずかしいが，$\zeta(1+it)\neq 0$ は比較的容易に示すことができる．このことはアダマールとド・ラ・ヴァレ・プーサンという二人の数学者によって，まったく独立に1896年に示された．最後に $\zeta(s)$ に関連した級数と，$\zeta(s)$ の $s=2,3,4,5,\cdots,12$ での値を示しておく（表1.1）．ただし s が奇数のときは，正確な値を出すことはできないから，概数を示しておく．以下に現われる $\zeta(s)$ は，すべて複素平面まで拡張されて定義されたものを意味する．

(A)　$$\sum_{n=1}^{\infty}\frac{(-1)^n}{n^s}=\left(1-\frac{1}{2^{s-1}}\right)\zeta(s)\qquad(\mathrm{Re}\, s>1 \text{ で収束})$$

(B)　$$\sum_{n=1}^{\infty}\frac{\mu(n)}{n^s}=\frac{1}{\zeta(s)}\qquad(\mathrm{Re}\, s>1 \text{ で収束})$$

$\mu(n)$ は n が素数の2乗で割りきれれば0，すべて相異なる p 個の素数の積で表わされるときは $(-1)^p$ と定義される．たとえば

$$\mu(4)=0,\qquad \mu(6)=1,\qquad \mu(7)=-1,\qquad \mu(12)=0$$

(C)　$$\sum_{n=1}^{\infty}\frac{\sigma(n)}{n^s}=\zeta(s)\zeta(s-1)\qquad(\mathrm{Re}\, s>1 \text{ で収束})$$

$\sigma(n)$ は n の約数の総和．たとえば

$$\sigma(1)=1,\qquad \sigma(2)=3,\qquad \sigma(4)=7.$$

表 1.1

s	$\zeta(s)$
2	$\pi^2/6$
3	$\pi^3/25.79\cdots$
4	$\pi^4/90$
5	$\pi^5/295.12\cdots$
6	$\pi^6/945$
7	$\pi^7/2995.28\cdots$
8	$\pi^8/9450$
9	$\pi^9/29749.35\cdots$
10	$\pi^{10}/93555$
11	$\pi^{11}/294058.7\cdots$
12	$691\pi^{12}/638512875$

(A)の等式の証明は簡単である．興味のある読者は証明を試みられるとよい．(B),(C)の等式は，それほど簡単ではない．

1.2　ラマンジャン予想

思いがけない発見は，1910年代，インドの天才数学者ラマンジャン(1887-1920)によってなされた．彼は

$$D(x) = x\prod_{n=1}^{\infty}(1-x^n)^{24}$$

なる関数を考察した．$D(x)$ は $|x|<1$ で収束するのであるが，$D(x)$ を x のべき級数に展開したときの x^n の係数 $\tau(n)$ が問題なのである(べき級数に展開できることや，その計算が，各項を形式的にかけてやればよいことなどは，比較的容易に証明できる)．

$$D(x) = \sum_{n=1}^{\infty}\tau(n)x^n$$

ラマンジャンはこの $\tau(n)$ を n の十分大なるところまで計算した(表1.2)．$\tau(n)$ はとてつもなく大きな数になってしまうのであるが，彼は計算の名人であった．彼はこの計算の結果，次の予想をした．

予　想

(1)

- m と n とが互いに素であれば

$$\tau(m\cdot n) = \tau(m)\tau(n).$$

- p が素数のとき

$$\tau(p^\lambda) = \tau(p)\tau(p^{\lambda-1})-p^{11}\tau(p^{\lambda-2}).$$

(2)
$$|\tau(p)| < 2p^{11/2}.$$

予想(1)より $\tau(n)$ は素数 p に対する $\tau(p)$ がわかれば，すべて計算することができる．そしてこの $\tau(p)$ の絶対値は $2p^{11/2}$ より小であることが予想されているのである．予想(1)はまもなくモーデルによって解決された．そしてそれ

表 1.2

n	$\tau(n)$
1	1
2	-24
3	252
4	-1472
5	4830
6	-6048
7	-16744
8	84480
9	-113643
10	-115920
…	………
300	9458784518400

はさらにドイツの数学者ヘッケによって一般化された．

ヘッケは

$$L_\tau(s) = \sum_{n=1}^{\infty} \frac{\tau(n)}{n^s}$$

なる級数を考えて，これがガウス平面で定義された有理型関数になることを示し，$D(x)$ と $L_\tau(s)$ とがある関係によって結ばれていることを示した．そして $D(x)$ 以外のある種の関数に対しても，上と同様の議論ができることを示し，そのような一般的な場合に予想(1)に対応する部分を証明した．

予想(2)に関しては，その後多くの数学者が研究し主として志村五郎を中心とする日本の数学者によって，ある特別な場合に予想(2)に対応するものを証明することに成功した．さらに本来の予想(2)(これは普通，ラマンジャン予想と呼ばれている)が，リーマン予想と密接な関係があることが示された．この関係について，これ以上くわしく述べることはできないが，リーマン予想にでてくる 1/2 と，ラマンジャン予想にでてくる 11/2 とが関連していることを注意しておく．

$L_\tau(s)$ に関しては，次のことを予想(1)より示すことができる．収束の問題をぬきにすれば，問題 2 とおなじ方法でできるから，読者は各自試みられたい．

$$L_\tau(s)=\sum_{n=1}^{\infty}\frac{\tau(n)}{n^s}=\prod_{p\ \text{素数}}\frac{1}{1-\tau(p)p^{-s}+p^{11-2s}}$$

等式は，Re s が十分大のときに成り立つ．たとえば Re $s>7$ であれば十分であって，無限級数も，無限乗積もともに収束する．

この等式はリーマンのゼータ関数に対するオイラー積に対応するものである．そしてラマンジャン予想は，オイラー積の分母の部分を取り出して

$$H_p(x)=1-\tau(p)x+p^{11}x^2$$

と書くとき $H_p(x)=0$ が虚根を持つことと同値である．リーマン予想，ラマンジャン予想は，整数論の奥深いところと関連している．

ところで，ラマンジャン予想は1974年ドリーニュによって証明された．一方，リーマン予想は今なお未解決であり多くの数学者が研究を進めている．

2　絶対値の概念の拡張

—ある入試問題の背景（1）

問題 1　$A=\{1,2,\cdots,n\}$ に属する任意の相異なる数 i,j について，正数 $v(i,j)$ が定義されていて，次の性質をみたしている．

［性質 1］　A に属する任意の相異なる 3 数 i,j,k について

$$v(i,j) \geqq \min\{v(i,k),v(k,j)\}.$$

［性質 2］　A に属する任意の相異なる数 i,j について

$$v(i,j)=v(j,i).$$

①　このとき次の命題のうちで，必ず成立するものにはその理由を述べ，必ずしも成立しないものについては反例をあげよ．

イ）　A に属する任意の相異なる i,j,k について

$$v(i,j) \leqq v(i,k)+v(k,j).$$

ロ）　A に属する任意の相異なる i,j,k,l について

$$v(i,j) \geqq \min\{v(i,k),v(k,l),v(l,j)\}.$$

②　次の $\boxed{}$ 中に適当な答を記入せよ．

イ）　$v(i,j),v(j,k),v(k,i)$ のうち少なくとも $\boxed{}$ は相等しい．

ロ）　すべての $v(i,j)$ のうち，相異なる値を持つものの個数は多くとも $\boxed{}$ である．

（'69　慶応義塾大学・工を改変）

この問題で A として，自然数全体，有理数全体，あるいは実数全体をとってみたらどうだろうか．[性質 1]，[性質 2]をみたす v は一体どれくらいあるだろうか．……問は限りなくひろがっていく．そしてこんな問を考えていくと，いつのまにか現代数学の入口まで来てしまう．そんなことを，これから話してみようと思う．

ここでは，有理数全体に絶対値に似たものを定義し，それと素数との関係を述べることにする．

2.1 絶対値

複素数，実数または有理数の絶対値は，次の性質を持っている．

(1) $|x| \geqq 0,\ |x|=0 \Longleftrightarrow x=0$

(2) $|x \cdot y|=|x| \cdot |y|$

(3) $|x+y| \leqq |x|+|y|$

(3) は通常，三角不等式と呼ばれているものである．

本稿では (3) の性質を中心として，話を進める．以下，$\mathbb{Q}$ で有理数全体，$\mathbb{R}$ で実数全体，$\mathbb{C}$ で複素数全体を表わすことにする．

問題 2　$a \in \mathbb{Q},\ a \neq 0$ に対して，p を素数とするとき

$$a = p^n \frac{c}{b} \quad (n \text{ は整数，} b, c \text{ は } p \text{ で割りきれない整数})$$

と書くと，n は一意に定まることを示せ．

解答　ほかに $a=p^m \dfrac{c'}{b'}$ (m は整数，b', c' は p で割りきれない整数) と書けたとする．もし $n>m$ とすると

$$p^m \frac{c'}{b'} = p^n \frac{c}{b}.$$

$$\therefore \quad p^{n-m} cb' = bc'$$

したがって bc' は p で割りきれなければならないが，これは仮定に反す

る．よって $n>m$ とはなり得ない．同様に $n<m$ ともなり得ない．よって $n=m$．

ところで，問題 2 によって，n が一意に定まることを用いると，つぎのような $v(a)$ も一意に定まることがわかる．

問題 3　p を素数とする．0 でない有理数 a を $a=p^n\dfrac{c}{b}$ と書く．ただし，n は整数，b, c は p では割りきれない整数とする．また，α を 1 より大なる実数とし，$v(a)=\alpha^{-n}$ と定める．0 に対しては $v(0)=0$ と定める．

v は $\mathbb{Q}$ から $\mathbb{R}$ への写像であるが，このとき v は次の性質を持つことを示せ．

（Ⅰ）　$a\in\mathbb{Q}$ に対して $v(a)\geqq 0$, $v(a)=0 \Longleftrightarrow a=0$.

（Ⅱ）　$a, b\in\mathbb{Q}$ に対して $v(a\cdot b)=v(a)\cdot v(b)$.

（Ⅲ*）　$a, b\in\mathbb{Q}$ に対して

$$v(a+b) \leqq \max\{v(a), v(b)\}.$$

ただし $\max\{x, y\}$ は x, y のうち大なるものを（正確には，x, y のうち小でないものを）表わす．

解答　（Ⅰ）　$v(a)$ の定義から容易にいえる．

（Ⅱ）　$ab=0$ のときは明らか．$a\neq 0$, $b\neq 0$ のとき

$$a = p^m\frac{d}{c}, \qquad b = p^n\frac{f}{e}$$

（m, n は整数，c, d, e, f は p では割りきれない整数）と書くと

$$a\cdot b = p^{m+n}\cdot\frac{df}{ce}.$$

このとき，df, ce は p では割りきれない．また，定義より $v(a)=\alpha^{-m}$, $v(b)=\alpha^{-n}$．よって

$$v(a \cdot b) = \alpha^{-(m+n)} = \alpha^{-m} \cdot \alpha^{-n} = v(a) \cdot v(b)$$

となり(Ⅱ)が成立する．

(Ⅲ*)　$ab=0$ のときは，たとえば $b=0$ とすると

$$v(a+b) = v(a), \qquad v(b) = 0.$$

(Ⅰ)より $v(a) \geqq 0$ だから，(Ⅲ*)が成立する．

$a \neq 0$, $b \neq 0$ のときは(Ⅱ)の証明と同様に

$$a = p^m \frac{d}{c}, \qquad b = p^n \frac{f}{e}$$

と書く．2 つの場合に分けて考える．

(ⅰ)　$m<n$ または $m>n$ のとき：

どちらでもおなじであるから $m<n$ として考える．

$$\begin{aligned} a+b &= p^m \frac{d}{c} + p^n \frac{f}{e} = p^m \left(\frac{d}{c} + p^{n-m} \frac{f}{e} \right) \\ &= p^m \cdot \frac{de + p^{n-m} cf}{ce}. \end{aligned}$$

このとき ce, $de+p^{n-m}cf$ はともに整数で，p では割りきれない．ce は c および e が p で割りきれないことにより，p で割りきれない．もし $de+p^{n-m}cf$ が p で割りきれたとすると，$n-m>0$ より $p^{n-m}cf$ が p で割りきれることから，de が p で割りきれなければならない．これは d, e が p で割りきれないという，最初の仮定に反する．これより

$$v(a+b) = \alpha^{-m}.$$

一方，$v(a)=\alpha^{-m}$, $v(b)=\alpha^{-n}$, $m<n$, $1<\alpha$ より

$$\max\{v(a), v(b)\} = v(a) = \alpha^{-m}.$$

(ⅱ)　$m=n$ のとき：

$$a+b = p^m \frac{d}{c} + p^m \frac{f}{e} = p^m \left(\frac{d}{c} + \frac{f}{e} \right) = p^m \cdot \frac{de+cf}{ce}.$$

上述のように ce は p で割りきれない．しかしながら(ｉ)の場合と違って，今度は $de+cf$ は p で割りきれるかもしれない．よって

$$de+cf = p^l g$$

（l は負でない整数，g は p で割りきれない整数）

と書くと，

$$a+b = p^{m+l}\frac{g}{ce}$$

となり

$$v(a+b) = \alpha^{-(m+l)}.$$

$v(a)=v(b)=\alpha^{-m}$, $l\geqq 0$, $\alpha>1$ より

$$v(a+b) \leqq v(a).$$

証明がだいぶ長くなってしまったが，問題3は種々の点で興味がある．まず絶対値の持っていた性質(1), (2), (3)と，問題3の v の性質(Ⅰ), (Ⅱ), (Ⅲ*)とをくらべてみよう．そこには著しい類似が見られないだろうか．

(1), (2)と(Ⅰ), (Ⅱ)はまったくおなじことを述べている．問題になるのは，(3)と(Ⅲ*)である．(Ⅰ)より

$$v(a) \geqq 0, \qquad v(b) \geqq 0$$

であることより

$$\max\{v(a), v(b)\} \leqq v(a)+v(b)$$

が成立するから，(Ⅲ*)が成り立つことより，次の(Ⅲ)が成り立つ．

(Ⅲ)　$a, b\in\mathbb{Q}$ に対して

$$v(a+b) \leqq v(a)+v(b).$$

かくして，(3)と(Ⅲ)がまたおなじことを述べていることがわかる．このことから問題3の v を $\boldsymbol{p}$ **進絶対値**という．もちろん(Ⅲ)と(Ⅲ*)は同値な命題ではない．(Ⅲ*)が成立すれば(Ⅲ)が成立することはいえるが，(Ⅲ)から(Ⅲ*)が成立することは一般にはいえない．(通常の絶対値の場合を考えてみよ.)

実はこのことが，前にも少し述べたように，種々の興味ある事実を導くのである．(1), (2), (3)と(Ⅰ), (Ⅱ), (Ⅲ*)の類似性(むしろ(1), (2), (3)と(Ⅰ), (Ⅱ), (Ⅲ)の類似性といった方がよいかもしれない)を手がかりとして，私たちがよく知っている「絶対値」という概念を拡張することを問題としてみよう．拡張された絶対値は，どのような性質を持っているのか，またそれらは一体どれくらいあるのか等が，自然な問題となってくる．そのような問に，順次答えていこう．

2.2　絶対値の概念の拡張

$\boldsymbol{K}$ はここでは $\mathbb{Q}$，$\mathbb{R}$，$\mathbb{C}$ のいずれかを表わすことにする．以下述べることは，$\mathbb{Q}$，$\mathbb{R}$，$\mathbb{C}$ 以外でも，$\boldsymbol{K}$ が「体」であればよい(「体」とは，あらっぽくいえば，$\mathbb{Q}$，$\mathbb{R}$，$\mathbb{C}$ のように加減乗除のできる「数」の集まり．もちろん「数」といっても，実数や複素数とは限らない．正確な定義は第4章，定義4を見よ)．

$\boldsymbol{K}$ から $\mathbb{R}$ への写像 v が次の性質をみたすとき，v は $\boldsymbol{K}$ の**絶対値**であるという(**乗法付値**と呼ぶこともある)．

(Ⅰ)　$a\in\boldsymbol{K}$ に対して $v(a)\geqq 0$,

$$v(a)=0 \iff a=0.$$

(Ⅱ)　$a,b\in\boldsymbol{K}$ に対して $v(a\cdot b)=v(a)\cdot v(b)$.

(Ⅲ)　$a,b\in\boldsymbol{K}$ に対して $v(a+b)\leqq v(a)+v(b)$.

特に $v(a)=|a|$ とおくと，普通使っている意味での絶対値になる．しかし問題3でみたように $\boldsymbol{K}=\mathbb{Q}$ のとき，通常の絶対値 $|a|$ とは違うが(Ⅰ), (Ⅱ), (Ⅲ)をみたすものがあった．実はその際(Ⅲ)よりは強い次の条件をみたしていた．

(Ⅲ*)　$a,b\in\boldsymbol{K}$ に対して

$$v(a+b) \leqq \max\{v(a), v(b)\}.$$

（Ⅰ），（Ⅱ），（Ⅲ*）をみたす絶対値のことを**非アルキメデス絶対値**といい，それ以外の絶対値のことを**アルキメデス絶対値**という．したがって，問題3での v は非アルキメデス絶対値である．また素数 p によって定まるところから，p 進絶対値ともいわれる．

アルキメデスという名の由来を簡単に記しておこう（アルキメデスとはもちろん，アルキメデスの原理で有名なギリシャ人である）．

実数の持っている性質の一つとして次のものがある．

- a, b を任意の正の実数とすると，$a<nb$ となるある自然数 n が必ず存在する．

この性質は，通常「アルキメデスの公理」と呼ばれている．このアルキメデスの公理を書きかえてみると，

- 任意の0ではない実数 a, b に対して，$|a|<|nb|$ となるある自然数 n が存在する．

とすることができる．ここに出てくる絶対値 $|\ |$ の代りに，上記の拡張した絶対値 v を考え，この v に対してアルキメデスの公理と同様なことが成立するかどうかによって，絶対値をアルキメデス絶対値と非アルキメデス絶対値に分けるのである．次の問題を考えてみると，その意味がわかるであろう．

問題４　v を $\boldsymbol{K}$ 上の非アルキメデス絶対値とする（すなわち，（Ⅰ），（Ⅱ），（Ⅲ*）をみたすとする）．n を任意の自然数とするとき，$\boldsymbol{K}$ の0でない任意の元 a に対して

$$v(n \cdot a) \leqq v(a)$$

が成り立つことを示せ．

解答　n に関する帰納法による．

$n=1$ のとき：自明．

$n=k$ のとき，正しいとすると

$$v((k+1)\cdot a)=v(k\cdot a+a)\leqq \max\{v(k\cdot a),v(a)\}$$
$$\leqq \max\{v(a),v(a)\}=v(a).$$

したがって $n=k+1$ のときも正しい．

かくして，$a,b\in\boldsymbol{K}$, $v(a)>v(b)$ とすると，v が非アルキメデス絶対値のとき，任意の自然数 n に対し常に

$$v(a)>v(b)\geqq v(n\cdot b)$$

であって，決して

$$v(a)<v(n\cdot b)$$

となることはない．ここに非アルキメデスなる語の由来がある．さて，絶対値に関する一般的な性質を調べることにしよう．

問題５　(ｉ)　v を $\boldsymbol{K}$ の絶対値とするとき，次のことが成立することを示せ．

$$v(1)=1$$

$a\in\boldsymbol{K}$　　　　に対して　$v(-a)=v(a)$

$a\in\boldsymbol{K}$, $a\neq 0$　に対して　$v(a^{-1})=v(a)^{-1}$

(ii)　v が $\boldsymbol{K}$ の非アルキメデス絶対値とすると，さらに次のことが成立することを示せ．

$v(a)<v(b)$　ならば　$v(a+b)=v(b)$

すなわち(Ⅲ*)で等号が成立する．

解答　(ｉ)

- $v(1)=v(1\cdot1)=v(1)\cdot v(1)$

$= v(1)^2$　（（Ⅱ）を使った）

一方，（Ⅰ）より $v(1)>0$ だから $v(1)=1$.

- $1 = v(1) = v((-1)\cdot(-1))$

　$= v(-1)^2$　（（Ⅱ）を使った）

（Ⅰ）より $v(-1)>0$ であるから $v(-1)=1$. したがって，ふたたび（Ⅱ）を使って

$$v(-a) = v((-1)\cdot a) = v(-1)\cdot v(a) = v(a).$$

- $1=v(1)=v(a\cdot a^{-1})=v(a)\cdot v(a^{-1})$

（Ⅰ）より $v(a)\neq 0$ だから $v(a^{-1})=v(a)^{-1}$.

（ii）　$v(a+b)\leqq v(b)$ は（Ⅲ*）より明らか.

$$\begin{aligned} v(b) &= v(a+b-a) \\ &\leqq \max\{v(a+b), v(-a)\} \quad \text{（（Ⅲ*）を使った）} \\ &= \max\{v(a+b), v(a)\}. \end{aligned}$$

一方，$v(a)<v(b)$ だから，上の不等式は

$$v(b) \leqq v(a+b)$$

でなければならない.　　$\therefore\ v(a+b)=v(b)$

次の問題は簡単であるから，読者の考察にまかせる.

問題 6

$$v(a) = \begin{cases} 1 & (a \neq 0) \\ 0 & (a = 0) \end{cases} \qquad a \in \boldsymbol{K}$$

とおくと，v は $\boldsymbol{K}$ の非アルキメデス絶対値になることを示せ.

問題 6 でつくった絶対値を**自明な絶対値**と呼ぶ．$\mathbb{Q}$ 上に，自明な絶対値以外に，どれだけの絶対値があるかは，興味深い問題であるが，その解答は次章に述べる．また，$\mathbb{R}, \mathbb{C}$ 上には自明な絶対値以外には，「離散的」な非アルキメデス絶対値は存在しない．「離散的」というのはすべての a に対して絶対値 $v(a)$ はある正の数 α のべき α^n で表現できることを意味する．一方，離散的でない非アルキメデス絶対値は $\mathbb{R}$ や $\mathbb{C}$ 上に存在することが証明できる．しかしながら，その形を直接書き下すことはできない．(このような証明は，集合論のツォルンの補題を使って，超越的な形でしかできないのである．)

2.3 加法付値

非アルキメデス絶対値に関しては，条件(Ⅰ),(Ⅱ),(Ⅲ*)を別の形に書きかえることができる．この節では非アルキメデス絶対値のみを考えるから，前節の終りに述べたことにより $\boldsymbol{K}=\mathbb{Q}$ の場合のみを考える．

問題 7　v を $\mathbb{Q}$ の非アルキメデス絶対値とする．

$a\in\mathbb{Q}$　$a\neq0$ に対して

$$w(a) = -\log v(a), \qquad w(0) = \infty$$

と定める．ただし log は自然対数とする．

このとき次が成立することを示せ．

(A)　$a\in\mathbb{Q},\ a\neq0$ に対して $w(a)\in\mathbb{R}$,

$$w(a) = \infty \quad \Longleftrightarrow \quad a = 0.$$

(B)　$a, b\in\mathbb{Q}$ に対して $w(a\cdot b)=w(a)+w(b)$.

ただし ∞ に関しては $\infty+\alpha=\alpha+\infty=\infty+\infty=\infty$ と定める．α は任意の実数.

(C)　$w(a+b)\geqq\min\{w(a), w(b)\}$.

ここで $\min\{w(a), w(b)\}$ は $w(a), w(b)$ のうち大ならざる方を表わす．また ∞ は，いかなる実数よりも大であると約束する．

解答 (A)は(Ⅰ)より自明．

(B) $a=0$ または $b=0$ のときは ∞ に関する約束より自明．$a\neq 0$, $b\neq 0$ のときは，(Ⅱ)より $v(ab)=v(a)v(b)$ だから

$$
\begin{aligned}
w(ab) &= -\log v(ab) \\
&= -\log v(a) - \log v(b) = w(a)+w(b).
\end{aligned}
$$

(C) $a=0$ または $b=0$ のときは ∞ に関する約束より自明．$a\neq 0$, $b\neq 0$ のときは(Ⅲ*)より

$$
v(a+b) \leqq \max\{v(a), v(b)\}
$$
$$
\log v(a+b) \leqq \max\{\log v(a), \log v(b)\}
$$

したがって

$$
\begin{aligned}
w(a+b) &= -\log v(a+b) \\
&\geqq \min\{-\log v(a), -\log v(b)\} \\
&= \min\{w(a), w(b)\}.
\end{aligned}
$$

$\mathbb{Q}$ の上で実数または ∞ の値をとる関数 w が，問題7の条件(A), (B), (C)をみたすとき，$\mathbb{Q}$ の**加法付値**と呼ぶ．上のことより，非アルキメデス絶対値があれば必ず加法付値をつくることができることがわかった．実はこの逆も成立することがわかる．すなわち $\mathbb{Q}$ の非アルキメデス絶対値と加法付値とは，一対一に，きれいに対応しているのである．

問題8 w を $\mathbb{Q}$ の加法付値とする．$a\in\mathbb{Q}$ に対して自然対数の底 e を使って

$$
v(a) = e^{-w(a)}
$$

コラム

2-1　自然対数

n を自然数とするとき

$$\lim_{n\to\infty}\left(1+\frac{1}{n}\right)^n$$

はある決まった数 $e=2.718\cdots$ に収束することが知られている．e を底とする指数関数 e^x は

$$e^x = 1+x+\frac{x^2}{2!}+\frac{x^3}{3!}+\frac{x^4}{4!}+\frac{x^5}{5!}+\cdots$$

となる無限級数に展開できることも知られている．右辺の級数はあらゆる x に対して収束する．特に

$$\begin{aligned} e &= 1+1+\frac{1}{2!}+\frac{1}{3!}+\frac{1}{4!}+\frac{1}{5!}+\cdots \\ &= 2+\frac{1}{2}+\frac{1}{6}+\frac{1}{24}+\frac{1}{120}+\frac{1}{720}+\cdots \end{aligned}$$

である．

さらに任意の正数 a に対して

$$a = e^b$$

となる実数 b が唯一つ存在することがわかる．このことを

$$b = \log a$$

と記し，a の自然対数は b であるという．数学では自然対数を log と記すが，他の学問分野では ln と記すことが多い．

と定める．ただし $a=0$ のときは $e^{-\infty}$ となるが，これは 0 であると約束する．このとき，v は次の性質を持つことを示せ．

（Ⅰ）　$a\in\mathbb{Q}$ に対して $v(a)\geqq 0$,

$$v(a)=0 \iff a=0.$$

（Ⅱ）　$a, b \in \mathbb{Q}$ に対して $v(a \cdot b) = v(a) \cdot v(b)$.

（Ⅲ*）　$a, b \in \mathbb{Q}$ に対して

$$v(a+b) \leqq \max\{v(a), v(b)\}.$$

証明は問題 7 の逆を行なえばよい．容易であるから読者にまかせよう．また問題 5 を加法付値の言葉でいいかえてみることも容易である．すなわち

問題 9　w を $\mathbb{Q}$ の加法付値とするとき，次のことが成立することを示せ．

$w(1) = 0$,　$a \in \mathbb{Q}$ に対して　$w(-a) = w(a)$

$a \in \mathbb{Q}$,　$a \neq 0$ に対して　$w(a^{-1}) = -w(a)$

$w(a) > w(b)$ ならば　$w(a+b) = w(b)$

解答

• $w(1) = w(1 \cdot 1) = w(1) + w(1)$ より $w(1) = 0$.

$$0 = w(1) = w((-1) \cdot (-1)) = w(-1) + w(-1)$$

より $w(-1) = 0$. したがって

$$w(-a) = w(-1 \cdot a) = w(-1) + w(a) = w(a).$$

•
$$0 = w(1) = w(a \cdot a^{-1}) = w(a) + w(a^{-1})$$

より $w(a^{-1}) = -w(a)$.

• $w(a) > w(b)$ より

$$w(a+b) \geqq \min\{w(a), w(b)\} = w(b).$$

一方

$$w(b) = w(a+b+(-a)) \geqq \min\{w(a+b), w(-a))\}$$
$$= \min\{w(a+b), w(a)\}$$

が成り立つので

$$w(a+b) \leqq w(b)$$

でなければならない．よって

$$w(a+b) = w(b).$$

かくして，非アルキメデス絶対値と加法付値との間の関係が完全にわかった．それは，同一のものを別の側面から見ているといってもよいかもしれない．一つの見方にのみとらわれることなく，種々の面から問題を考察することは，きわめて大切なことであるが，実は今の場合もこのことがあてはまる．加法付値は，容易にその概念を拡張することができて，それは，代数幾何学で重要な役割を果たしている．

代数幾何学には，「特異点」と呼ばれるやっかいなものがついてまわる．そのような特異点をうまく除こうというのが，「特異点還元の問題」なのである．その特別な場合を，加法付値をさらに拡張したものを使って，ザリスキーが解決した．完全な解決は(ただし標数 0 の場合であるが)広中平祐によって，別の方法によってなされた．

ところで問題 3 の α を自然対数の底 e にとることによって

$$a = p^n \frac{c}{b}$$

に対して $w(a)=n$ となることを注意しておく．このことを使って，冒頭の問題の $v(i,j)$ として，

$$v(i,j) = w(i-j)$$

とおいて考えてみよ．自然と解答ができるであろう．

第2章　演習問題

［1］　体 $\boldsymbol{K}$ の絶対値 v が非アルキメデス絶対値であるための必要かつ十分条件は，すべての自然数 n に対して

$$v(n) \leqq 1$$

であることを証明せよ．

3 絶対値と「距離」
——ある入試問題の背景 (2)

さて，本章では絶対値と距離の関係を，まず述べよう．

3.1 距　離

問題 1　v を体 $\boldsymbol{K}$ の絶対値とする．x, y を $\boldsymbol{K}$ の任意の二つの元とし，

$$\rho(x, y) = v(x-y)$$

と定めると，ρ は，次の性質を持つことを示せ．

（ア）　$\rho(x, y) \geqq 0, \qquad \rho(x, y) = 0 \Longleftrightarrow x = y.$

（イ）　$\rho(x, y) = \rho(y, x).$

（ウ）　$\rho(x, y) + \rho(y, z) \geqq \rho(x, z), \qquad x, y, z \in \boldsymbol{K}.$

解答　（ア）　絶対値の条件（Ⅰ）により自明．

（イ）　$a = x-y$ とおくと $v(-a) = v(a)$ による．（→第 2 章，問題 5）

（ウ）　$a = x-y$, $b = y-z$ とおくと $v(a)+v(b) \geqq v(a+b)$ による．（→ 2.2 節，（Ⅲ））

一般に集合 $\boldsymbol{S}$ に対して，$\boldsymbol{S}$ の任意の二つの元 x, y に対して実数 $\rho(x, y)$ が定まり，問題 1 に現われた（ア），（イ），（ウ）の条件をみたすとき，ρ を $\boldsymbol{S}$ の**距離**と呼び，$\boldsymbol{S}$ は ρ によって**距離づけられた**という．$\mathbb{R}$ や $\mathbb{C}$ で 2 点 x, y の距離を $|x-y|$ で定義したのを思いおこしてほしい．実数 $\rho(x, y)$ のことを $\boldsymbol{x}$ **と** $\boldsymbol{y}$ **の**

間の距離と呼ぶ．

問題 2　問題 1 で v を非アルキメデス絶対値とするとき，(ウ)よりもさらに強い，次の性質が成り立つことを示せ．

（ウ*）　$\max\{\rho(x,y),\rho(y,z)\} \geqq \rho(x,z)$.

解答　左辺$=\max\{v(x-y),v(y-z)\}$

$\geqq v((x-y)+(y-z))$　（→第 2 章，（Ⅲ*））

$=v(x-z)=\rho(x,z)$.

前章の問題 7 で，非アルキメデス絶対値と加法付値とは一対一に対応することがわかっている．距離 ρ に対応するものを，加法付値の形で書いたらどうなるであろうか．前章の最後に，入試問題にふれて述べたことは，次のようになる．

問題 3　w を体 $\boldsymbol{K}$ の加法付値とする．x,y を $\boldsymbol{K}$ の任意の二つの元とし

$$\sigma(x,y)=w(x-y)$$

と定めると，σ は次の性質を持つことを示せ．

（あ）　$\sigma(x,y)$ は実数または ∞ になる．

$$\sigma(x,y)=\infty \quad \Longleftrightarrow \quad x=y$$

（い）　$\sigma(x,y)=\sigma(y,x)$.

（う）　$\min\{\sigma(x,y),\sigma(y,z)\} \leqq \sigma(x,z), \qquad x,y,z \in \boldsymbol{K}$.

解答　問題 1，2 とまったく同様にできる．

いま，非アルキメデス絶対値 v に加法付値 w が対応しているとすると，

$$v(a)=e^{-w(a)}$$

と考えてよいから，問題 1，3 の ρ, σ の間には

$$\rho(x,y)=e^{-\sigma(x,y)} \tag{1}$$

なる関係がある．このことから，$\boldsymbol{K}$ の距離で(ア), (イ), (ウ*)を満足するものと，(あ), (い), (う)を満足するものとの間に，上の(1)の関係によって，一対一の対応がつくことがわかる．問題 3 の σ は，しばしば距離と呼ばれるが，それはこのような事情に基づいている．

もう一つ注意しておくことは，(ウ*)が成り立つということは，$\boldsymbol{K}$ の元 x, y, z を任意に三つ与えたとき，$\rho(x,y), \rho(y,z), \rho(z,x)$ のうち，少なくとも二つは等しくなっていることである．(通常の距離ではこんなことはおこらない．$\mathbb{R}$ や $\mathbb{C}$ での通常の絶対値で考えてみよ．)

これは非アルキメデス絶対値とアルキメデス絶対値との著しい違いを表わしている．

さていよいよ $\mathbb{Q}$ 上の絶対値の分類を行なおう．結果をまず定理としてのべておく．

定理　$\mathbb{Q}$ の絶対値は

① アルキメデス絶対値であれば，通常の絶対値と同値である．

② 自明でない非アルキメデス絶対値であれば，素数 p よりつくられる p 進絶対値と同値である．

すなわち $\mathbb{Q}$ の絶対値は，本質的には，

通常の絶対値，

$\boldsymbol{p}$ 進絶対値，

自明な非アルキメデス絶対値（第 2 章，問題 6 参照）

しか存在しない．

この定理を，以下に順次証明してゆこう．

問題 4　v を $\mathbb{Q}$ の自明でない非アルキメデス絶対値とする．このとき次のことが成り立つことを示せ．

① $v(p)<1$ なる最小の正整数 p は素数である．

② a は p と素な整数であるとすると

$$v(a)=1.$$

③ $v(p)=\alpha^{-1}$, $\alpha>1$ とする．$\mathbb{Q}$ の元 a を

$$a=p^n\frac{c}{b} \qquad (b, c \text{ は } p \text{ と素})$$

と書くと，

$$v(a)=\alpha^{-n}.$$

解答　① 背理法によって証明する．p は素数でないとすると

$$p=a\cdot b \qquad (a, b \text{ は正整数})$$

と書ける．

$$v(p)=v(a\cdot b)=v(a)\cdot v(b)<1$$

であるから，

$$v(a)<1 \quad \text{または} \quad v(b)<1.$$

一方，a, b はともに p より小なる正整数であるから，これは仮定に反する．

②

$$v(a)=v(-a)$$

であるから，a は正整数であるとしてよい．

$1 \leqq a < p$ であれば，p の仮定によって

$$v(a) = 1.$$

一般の a に対しては，a を p で割って

$$a = l \cdot p + b \qquad (0 < b < p,\ l, b \text{ は整数})$$

と書くと，v が非アルキメデス絶対値であることより

$$v(a) = v(l \cdot p + b) \leqq \max\{v(l \cdot p), v(b)\}.$$

さて，v が非アルキメデス絶対値のとき，任意の自然数 n に対して

$$v(n) \leqq 1$$

となる．（n による帰納法で容易に示される．第 2 章の演習問題[1]解答を参照.）

よって $v(l) \leqq 1$．これと $v(p) < 1$ より

$$v(l \cdot p) = v(l) \cdot v(p) < 1.$$

また，最初に述べたように $0 < b < p$ であるから

$$v(b) = 1.$$

よって前章の問題 5 により，上の不等号は実は等号となり

$$v(a) = \max\{v(l \cdot p), v(b)\} = 1.$$

③

$$a = p^n \frac{c}{b} \qquad (b, c \text{ は } p \text{ と素})$$

と書くと，②より

$$v(c) = v(b) = 1$$
$$v(p^n) = v(p)^n = \alpha^{-n}$$
$$\therefore \quad v(a) = v(p^n) \cdot v\left(\frac{c}{b}\right) = v(p^n)\frac{v(c)}{v(b)} = v(p^n) = \alpha^{-n}.$$

以上によって，$\mathbb{Q}$ の自明でない非アルキメデス絶対値はすべて，p 進絶対値であることがわかった．p 進絶対値 $v(a)$ は 0，または，$\alpha>1$ なる実数によって，α^{-n} と書かれる．このような形に書かれる非アルキメデス絶対値のことを「**離散的**」と呼ぶ．これは，加法付値 w に移った場合，$w(a)$ は，∞，または正数 s によって $ns, n\in\mathbb{Z}$ の形に書かれることから，w のとる値が，実数上に離散的にちらばっていることによって，離散的と名づけられたのである．

さて，p 進絶対値において，α は 1 より大なるかぎりいかなる実数をとっても，それらは互いに同値である（p.37 の定義を見よ）．したがって特に $\alpha=p$ とした p 進絶対値を，**正規化された p 進絶対値**と呼び，v_p と記す．すなわち $\mathbb{Q}\ni a$ を

$$a = p^n\frac{c}{b} \qquad (b, c \text{ は } p \text{ と素})$$

と書くとき

$$v_p(a) = p^{-n}.$$

通常の絶対値を上の v_p にならって v_∞ と書くことにする．すなわち

$$v_\infty(a) = |a|.$$

このように，絶対値を考え，それから距離を作ることは，単なる興味以上の深い意味がある．とりわけこの距離によって体 $\boldsymbol{K}$ を〈完備化〉して考えることが重要なのである．それについて述べるには，距離空間についての知識が必要なので，コラム 3-1 に譲る．

ここでは，次のような説明をしておくにとどめておく．実数 $\mathbb{R}$ は有理数 $\mathbb{Q}$

の極限として得られることは前にも注意しておいた(第1章)．このことは，実数 $\mathbb{R}$ は通常の絶対値 $|\ |$ によって有理数 $\mathbb{Q}$ を完備化したものということができる．(このほかに，$\mathbb{R}$ の任意のコーシー列は必ず $\mathbb{R}$ の点に収束するという性質も考えなければならない．コーシー列についてもコラムを参照のこと．)

$\mathbb{Q}$ から，$|\ |$ によって $\mathbb{R}$ をつくるように，$\mathbb{Q}$ から，p 進絶対値による完備化によって，**p 進体 $\mathbb{Q}_p$** をつくることができる．$\mathbb{Q}_p$ の元は，記号的に

$$\sum_{k=-n}^{\infty} a_k p^k \quad (0 \leqq a_k < p, \quad k \geqq -n)$$

と表わすことができる．

ただし n は任意の自然数または0とする．また和 $\sum$ の意味は通常の有理数の和でももちろんなく，

$$\alpha_m = \sum_{k=-n}^{m} a_k p^k$$

を通常の有理数の和で考えたとき，数列 $\{\alpha_m\}$ は p 進絶対値の意味で必ず収束するが，その収束した値のことを記号で上のように表わすのである．

p 進体 $\mathbb{Q}_p$ はその名の通り体であって，その上で，解析をすることができる．そのとき，条件(ウ*)(あるいは(III*)といってもおなじであるが)が成り立つことによって，議論が著しく簡単になる場合があり，また実数 $\mathbb{R}$ の場合と違った，きわめて奇妙な現象が現われることもある．

いずれにせよ p 進体 $\mathbb{Q}_p$ はゼータ関数の性質を解き明かすためにも，きわめて重要な役目を果たしていることを注意して，当面の目標である，有理数体 $\mathbb{Q}$ 上の，絶対値を分類する問題に進もう．

3.2　$\mathbb{Q}$ 上の絶対値の分類

前章の問題3にもう一度立ち返ってみよう．**p 進絶対値** v を

$$a = p^n \frac{c}{b} \quad (b, c \text{ は } p \text{ で割りきれない整数})$$

に対して

コラム

3-1　コーシー列と完備化

実数(または複素数)からなる数列 $\{a_n\}$ が次の条件をみたすときコーシー列という．

(条件)　任意の $\epsilon>0$ に対して

『$m, n \geqq N$ であれば

$$|a_m - a_n| < \epsilon$$

が常に成り立つ』

ように N を見出すことができる(N は ϵ によって変わってよい)．

大変わかりにくい表現であるが，直観的には m, n が十分大きければ a_n と a_m の差の絶対値がいくらでも小さくなることを意味している．

実数の持つ重要な性質は

『コーシー列は必ず収束する』

ということである．これを公理の一つとして実数の持つ性質を証明することができる．a_n がすべて有理数のコーシー列 $\{a_n\}$ を考えることができる．このときこのコーシー列は有理数に収束するとは限らない．たとえば

$$a_1 = 1, \quad a_2 = 1.4, \quad a_3 = 1.41, \quad a_4 = 1.414, \quad a_5 = 1.4142,$$
$$a_6 = 1.41421, \quad \cdots$$

と $\sqrt{2}$ に収束する有理数からなるコーシー列 $\{a_n\}$ をつくることができる．一方

$$b_n = 0.\underbrace{33\cdots3}_{n}$$

と定義すると $\{b_n\}$ はコーシー列になり，$\{b_n\}$ は $\dfrac{1}{3}$ に収束する．有理数からなるコーシー列 $\{a_n\}$ をすべて考え，その収束先(極限値)を有理数にすべてつけ加えると実数の全体になる．この操作を完備化という．このようにしてコーシー列を使って有理数から実数を構成することを有理数体 $\mathbb{Q}$ を完備化して実数体 $\mathbb{R}$ ができると数学では表現する．このとき実数からなるコーシー列はある実数に必ず収束することが証明できる．

上のコーシー列の考え方は距離空間に一般化することができ，距離空間の完備化を定義することができる．

$$v(a) = \alpha^{-n}$$

と定めた．ここで α は $1<\alpha$ なる任意の実数であった．v は素数 p のみならず，実数 α にも依存しているので，それを v_α と書くことにしよう．α のほかに，$\beta>1$ なる実数をとって，上と同様に v_β をつくってやると，v_α と v_β とは本質的には違わないと考えられる(距離をはかるのに，基準になる尺度を変えたような感じである)．

v_α と v_β の間には

$$v_\alpha(a) = v_\beta(a)^t, \qquad t = \log_\beta \alpha > 0$$

なる関係がある．このことに示唆されて，一般に二つの絶対値 v_1, v_2 の間に

$$v_1 = v_2^t, \qquad t > 0$$

すなわち

$$v_1(a) = v_2(a)^t, \qquad a \in \boldsymbol{K}$$

なる関係があるとき，v_1 と v_2 とは**同値な絶対値**であると呼ぶことにする．v_1 と v_2 とが同値であるとは，それらが，本質的にはおなじものであることを意味している．それは，絶対値から距離を考えて距離空間の〈完備化〉を考えるとき，これら二つの絶対値はおなじ〈完備化〉空間を与える，ということを意味している．

問題 5　v を絶対値とするとき，$0<t\leqq 1$ に対して v^t も絶対値になる．したがって v^t は v と同値な絶対値となる．

さらに，v が非アルキメデス絶対値であれば，$0<t$ なる任意の t に対して，v^t は非アルキメデス絶対値になる．

解答　v の性質(Ⅰ), (Ⅱ)は自明(2.1 節).

(Ⅲ*)

$$v(a+b) \leqq v(a)+v(b)$$

したがって $0<t\leqq 1$ ならば

$$v(a+b)^t \leqq v(a)^t+v(b)^t.$$

この不等式は次のようにして示される. $x\geqq 0,\ t>0$ のとき関数 $y=x^t$ は増加関数である. したがって $0<t<1,\ x_1\geqq 0,\ x_2\geqq 0$ のとき

$$(x_1+x_2)^t \leqq x_1^t+x_2^t$$

を示せばよい. そこで, $f(x)=x^t+x_2^t-(x+x_2)^t$ とおき, $x\geqq 0$ のとき $1-t>0,\ x_2\geqq 0$ より f を微分すると

$$f'(x) = tx^{t-1}-t(x+x_2)^{t-1} = \frac{t}{x^{1-t}}-\frac{t}{(x+x_2)^{1-t}} \geqq 0.$$

したがって $f(x)$ は増加関数である. $f(0)=0$ であるので $x\geqq 0$ で $f(x)\geqq 0$. よって $f(x_1)\geqq 0$.

特に v が非アルキメデス絶対値であれば

$$v(a+b) \leqq \max\{v(a), v(b)\}.$$

したがって $0<t$ ならば

$$v(a+b)^t \leqq \max\{v(a)^t, v(b)^t\}.$$

ついでに, 二つの絶対値が同値であるための必要十分条件について述べておこう.

問題 6　体 $\boldsymbol{K}$ の二つの絶対値 v, v' が同値であるための必要十分条件は,

① $a \in \boldsymbol{K}$ に対して $v(a)<1 \iff v'(a)<1$ が成立する

ことである.

さらに v が自明な非アルキメデス絶対値であれば次の条件が必要十分である.

② $a \in \boldsymbol{K}$, $v(a)<1 \Longrightarrow v'(a)<1$.

証明は, ①,②の必要性は明らかだから十分性を示せばよい. また, ②の十分性を示せば, 非アルキメデス絶対値の場合は①の十分性は明らかである. その証明はコラム 9-1 で示す.

かくして $\mathbb{Q}$ の絶対値は自明なものを除けば, v_p, v_∞ のいずれかに同値となる.

v_p, v_∞ の間には**積公式**と呼ばれる, 数論で重要な次の関係式が成り立つ.

問題 7 $\mathbb{Q} \ni a \neq 0$ とするとき, 次を示せ.

① $v_p(a) \neq 1$ なる素数 p は有限個しか存在しない.

② ①より

$$\prod_{\lambda} v_\lambda(a)$$

(λ はすべての素数および ∞ を動く, ただし v_∞ は通常の絶対値)

が定義できるが, このとき

$$\prod_{\lambda} v_\lambda(a) = 1.$$

解答 a が整数のときに①,②を同時に証明し, それを使って a が一般の有理数のときにも①,②が成り立つことを示す.

• a が正整数のとき:

$$a = p_1^{\alpha_1} p_2^{\alpha_2} \cdot \cdots \cdot p_l^{\alpha_l}$$

を a の素数分解とすると

$$v_{p_i}(a) = p_i^{-\alpha_i}, \qquad 1 \leqq i \leqq l$$

$$v_p(a) = 1, \quad p \neq p_i, \quad 1 \leqq i \leqq l$$

したがって①が示された．またこのことより

$$\begin{aligned}\prod_{p\ \text{素数}} v_p(a) &= v_{p_1}(a) \cdot v_{p_2}(a) \cdot \cdots \cdot v_{p_l}(a) \\ &= p_1^{-\alpha_1} \cdot p_2^{-\alpha_2} \cdot \cdots \cdot p_l^{-\alpha_l} \\ &= a^{-1}.\end{aligned}$$

一方，$v_\infty(a) = a$．したがって

$$\prod_\lambda v_\lambda(a) = v_\infty(a) \cdot \prod_{p\ \text{素数}} v_p(a) = a \cdot a^{-1} = 1.$$

- a が負整数のとき：

$$v_p(a) = v_p(-a), \qquad v_\infty(a) = -a$$

より，a の代りに $-a$ を考えればよいから，上の場合に帰着される．

- a が 0 でない有理数のとき：

$$a = \frac{c}{b} \qquad (b, c \text{ は整数})$$

と書くと，

$$v_p(a) = \frac{v_p(c)}{v_p(b)}, \qquad v_\infty(a) = \frac{v_\infty(c)}{v_\infty(b)}.$$

$$\therefore \quad \prod_\lambda v_\lambda(a) = \prod_\lambda \frac{v_\lambda(c)}{v_\lambda(b)} = \frac{\prod_\lambda v_\lambda(c)}{\prod_\lambda v_\lambda(b)} = 1$$

定理および問題 7 は，有理数体 $\mathbb{Q}$ での議論であったが，実は $\mathbb{Q}$ 上の任意の有限次拡大体(その意味は次章に説明する)でも，ほとんど類似の形で成立する．ただし，その際，素数のかわりに素イデアルと呼ばれるものがでてくる．

素数は数論できわめて重要な役割をするが，（というよりも，素数の研究そのものが数論とさえいえるのだが）その素数が，非アルキメデス絶対値と関係し，さらにそれが距離と関係し，その距離によって p 進体 $\mathbb{Q}_p$ がつくられ，$\mathbb{Q}_p$ の上では解析学を建設することができるという，そしてそのことを通じて，再び数論へ応用することができるという（数論だけでなく，最近は $\mathbb{Q}_p$ の上で関数論もさかんに行なわれている）不思議な魅惑的な世界の入口まで来た．ささやかな入試問題の裏にもかくも広大な土地が開けている．

第3章 演習問題

［1］ $K=\mathbb{C}(x)$ を複素数を係数とする一変数有理関数 $P(x)/Q(x)$，$P(x)$，$Q(x)$ は複素数係数の一変数多項式の全体がなす体とする．複素数係数の1変数多項式 $P(x)$ は

$$P(x) = (x-\alpha_1)^{n_1}(x-\alpha_2)^{n_2}\cdots(x-\alpha_m)^{n_m}, \quad \alpha_k \in \mathbb{C}$$

と x の1次式の積に因数分解できる（代数学の基本定理）．

① 任意の複素数 $\alpha\in\mathbb{C}$ を一つ選ぶ．多項式 $P(x)$ に関して α が $P(x)$ の m 重根である，すなわち $P(x)=(x-\alpha)^m g(x)$, $g(\alpha)\neq 0$ のときに

$$w_\alpha(P(x)) = m$$

とおき，一変数有理関数 $P(x)/Q(x)$ に対しては

$$w_\alpha\left(\frac{P(x)}{Q(x)}\right) = w_\alpha(P(x))-w_\alpha(Q(x))$$

とおくと，w_α は $K=\mathbb{C}(x)$ の加法付値であることを示せ．ただし $w_\alpha(0)=\infty$ と定義する．

② 多項式 $P(x)$ に対して

$$w_\infty(P(x)) = -\deg P(x), \quad \deg P(x) \text{ は } P(x) \text{ の次数}$$

とおき，一般に一変数有理関数 $P(x)/Q(x)$ に対しては

$$w_\infty\left(\frac{P(x)}{Q(x)}\right)=w_\infty(P(x))-w_\infty(Q(x))$$

とおくと w_∞ は $K=\mathbb{C}(x)$ の加法付値であることを示せ．ただし $w_\infty(0)=\infty$ と定義する．

③　$\mathbb{C}^*=\mathbb{C}\setminus\{0\}$ 上 0 である非自明な $\mathbb{C}(x)$ の加法付値 w は上の①, ②の加法付値と同値（すなわち $w=aw_\alpha$, または $w=aw_\infty$, $a>0$）であることを示せ．

4 環と体

本章の目標は，代数の基本的な事実のいくつかを紹介することと，それらを使って，古典的な問題である方程式論，作図問題について，近代的な立場から眺めてみることである．多くの有名無名の数学者の，絶えざる努力によって数学が発展してきたこと，そしてむずかしそうに見えても，数学はわれわれのまわりにたくさんある，なんでもないように見えることから出発して発展してきたことを，紹介していきたいと思っている．

したがって，内容的にはかなり高度のものが含まれてくるが，すべてを理解しようというのではなく，読んでいてなにか面白そうなことがあったら，それをヒントにして自分でいろいろ考えてみることをおすすめしたい．また，新しい概念が出てくると，最初はなかなか理解しにくいものなので，できるだけ多くの例を入れておいた．読者も，みずからペンをとって，自分で他の例をつくってみられたい．

本章以前にも，しばしば有理数体，実数体という言葉を使ってきたが，まず最初に，いささか天下りではあるが，環および体を公理的に定義しよう．

定義 1　集合 $\boldsymbol{A}$ に，加法 $+$ および積 $\cdot$ が定義されて，次の性質をみたすとき，$\boldsymbol{A}$ を**環**という．ただし，α, β, γ 等はすべて $\boldsymbol{A}$ の元を表わす．

I　加法の法則

a)　結合法則　$\alpha+(\beta+\gamma)=(\alpha+\beta)+\gamma$

b)　交換法則　$\alpha+\beta=\beta+\alpha$

c)　零元の存在　任意の α に対して

$$\alpha+0=0+\alpha=\alpha$$

なる $\boldsymbol{A}$ の元 0 が存在する．これを $\boldsymbol{A}$ の**零元**という．

d)　任意の α に対して $\alpha+x=0$ なる x が一意に存在する．

このxのことを $-\alpha$ と書く．

Ⅱ　乗法の法則

a)　結合法則　$\alpha\cdot(\beta\cdot\gamma)=(\alpha\cdot\beta)\cdot\gamma$

Ⅲ　分配法則

a)　$\alpha\cdot(\beta+\gamma)=\alpha\cdot\beta+\alpha\cdot\gamma$

b)　$(\beta+\gamma)\cdot\alpha=\beta\cdot\alpha+\gamma\cdot\alpha$

環ではⅠによって足し算，引き算ができ（$\alpha-\beta$ は $\alpha+(-\beta)$ と定義する）Ⅱによって積が結合法則をみたし，さらにⅢによって分配法則をみたすことから，足し算，引き算，掛け算が通常の数のように自由にできる"数"の集まりということができる．具体例を考えてみよう．

問題 1

①　整数の全体 $\mathbb{Z}$，および偶数の全体 $2\mathbb{Z}$（負の偶数を含めて）は，通常の加法および積によって，環であることを示せ．

②　実数体上の2次，3次の全行列環は，行列の加法および積によって，環であることを示せ．

解答　①は明らか．

②は2次の行列の場合を考える．3次の行列の場合も同様に示すことができる．

$$\begin{pmatrix} a & b \\ c & d \end{pmatrix}+\begin{pmatrix} a' & b' \\ c' & d' \end{pmatrix}=\begin{pmatrix} a+a' & b+b' \\ c+c' & d+d' \end{pmatrix}$$

であるので定義1のⅠ a), b)は実数の性質から明らかである．また

$$\begin{pmatrix} 0 & 0 \\ 0 & 0 \end{pmatrix}$$

が零元となり， $\alpha=\begin{pmatrix} a & b \\ c & d \end{pmatrix}$ に対して $-\alpha=\begin{pmatrix} -a & -b \\ -c & -d \end{pmatrix}$ である．2次の行列の乗法は

$$\begin{pmatrix} a & b \\ c & d \end{pmatrix}\begin{pmatrix} a' & b' \\ c' & d' \end{pmatrix}=\begin{pmatrix} aa'+bc' & ab'+bd' \\ ca'+dc' & cb'+dd' \end{pmatrix}$$

で与えられるので乗法に関する結合法則Ⅱ a)は直接計算することによって示される．

$$\alpha=\begin{pmatrix} a_1 & b_1 \\ c_1 & d_1 \end{pmatrix},\quad \beta=\begin{pmatrix} a_2 & b_2 \\ c_2 & d_2 \end{pmatrix},\quad \gamma=\begin{pmatrix} a_3 & b_3 \\ c_3 & d_3 \end{pmatrix}$$

に対して

$$\begin{aligned}
\alpha\cdot(\beta+\gamma) &= \begin{pmatrix} a_1 & b_1 \\ c_1 & d_1 \end{pmatrix}\begin{pmatrix} a_2+a_3 & b_2+b_3 \\ c_2+c_3 & d_2+d_3 \end{pmatrix} \\
&= \begin{pmatrix} a_1(a_2+a_3)+b_1(c_2+c_3) & a_1(b_2+b_3)+b_1(d_2+d_3) \\ c_1(a_2+a_3)+d_1(c_2+c_3) & c_1(b_2+b_3)+d_1(d_2+d_3) \end{pmatrix}
\end{aligned}$$

であるが

$$\begin{aligned}
\alpha\cdot\beta+\alpha\cdot\gamma &= \begin{pmatrix} a_1 & b_1 \\ c_1 & d_1 \end{pmatrix}\begin{pmatrix} a_2 & b_2 \\ c_2 & d_2 \end{pmatrix}+\begin{pmatrix} a_1 & b_1 \\ c_1 & d_1 \end{pmatrix}\begin{pmatrix} a_3 & b_3 \\ c_3 & d_3 \end{pmatrix} \\
&= \begin{pmatrix} a_1a_2+b_1c_2 & a_1b_2+b_1d_2 \\ c_1a_2+d_1c_2 & c_1b_2+d_1d_2 \end{pmatrix}+\begin{pmatrix} a_1a_3+b_1c_3 & a_1b_3+b_1d_3 \\ c_1a_3+d_1c_3 & c_1b_3+d_1d_3 \end{pmatrix} \\
&= \begin{pmatrix} a_1(a_2+a_3)+b_1(c_2+c_3) & a_1(b_2+b_3)+b_1(d_2+d_3) \\ c_1(a_2+a_3)+d_1(c_2+c_3) & c_1(b_2+b_3)+d_1(d_2+d_3) \end{pmatrix} \\
&= \alpha\cdot(\beta+\gamma)
\end{aligned}$$

となり分配法則Ⅲ a)が示された．Ⅲ b)も同様の計算で示すことができる．

定義2　環 $\boldsymbol{A}$ が次の性質をみたすとき，**可換環**であるという．
Ⅳ　a)　乗法の交換法則　$\alpha\cdot\beta=\beta\cdot\alpha$

定義3　環 $\boldsymbol{A}$ が次の性質をみたすとき，**単位元をもつ環**といい，1 を**単位元**という．
Ⅴ　任意の α に対して $\alpha\cdot 1=1\cdot\alpha=\alpha$ なる元 1 が存在する．

問題1の $\mathbb{Z}$ は単位元を持つ環，$2\mathbb{Z}$ は単位元を持たない環の例になっている．また $\mathbb{Z}$，$2\mathbb{Z}$，ともに可換環である．また実数体上の2次，3次の全行列環は，単位元

$$\begin{pmatrix} 1 & 0 \\ 0 & 1 \end{pmatrix},\quad \begin{pmatrix} 1 & 0 & 0 \\ 0 & 1 & 0 \\ 0 & 0 & 1 \end{pmatrix}$$

をそれぞれ持っているが，可換ではない環(非可換環)の例になっている．以下，単位元を持った環のみを考える．環では一般には割り算はできないが，引き算はできる．すなわち，

問題2　環 A の任意の2元 α, β に対して

$$\alpha+x=\beta$$

なる x が一意に存在することを示せ．

解答　Ⅰ d)より $\alpha+(-\alpha)=0$ なる $-\alpha$ が一意に存在する．そこで，

$$x=-\alpha+\beta$$

とおくと，

$$
\begin{aligned}
\alpha+x &= \alpha+(-\alpha+\beta) \\
&= (\alpha+(-\alpha))+\beta \qquad \text{I a)} \\
&= 0+\beta \qquad \text{I d)} \\
&= \beta \qquad \text{I c)}.
\end{aligned}
$$

次にかかる x の一意性を示す．もし

$$\alpha+x = \beta, \qquad \alpha+x' = \beta$$

なる x, x' が存在したとすると

$$\alpha+x = \alpha+x'.$$

この両辺に $-\alpha$ を加えると

$$
\begin{aligned}
(-\alpha)+\alpha+x &= (-\alpha)+\alpha+x' \\
\alpha+(-\alpha)+x &= \alpha+(-\alpha)+x' \qquad \text{I b)} \\
0+x &= 0+x' \qquad \text{I d)} \\
x &= x' \qquad \text{I c)}.
\end{aligned}
$$

このことから，**環とは，加減乗までできる "数" の集まりである**ということができる．

問題 3

① $\mathbb{Z}[\sqrt{2}]=\{m\sqrt{2}+n \mid m, n\in\mathbb{Z}\}$，ただし $\mathbb{Z}$ は整数の全体のつくる環とする．今後 $\mathbb{Z}$ のことを**有理整数環**と呼ぶ．$\mathbb{Z}[\sqrt{2}]$ は通常の加法，乗法によって，可換環になることを示せ．

② $\mathbb{Z}[i]=\{mi+n \mid m, n\in\mathbb{Z}\}$，ただし i は虚数単位とする．$\mathbb{Z}[i]$ は通常の加法，乗法によって可換環になることを示せ．

③　一般にDを平方数ではない整数とする．すなわち$D=n^2$となる整数nが存在しないとする．

$$\sqrt{D}=\begin{cases}\sqrt{D} & (D>0)\\ \sqrt{|D|}\cdot i & (D<0)\end{cases}$$

と定めて

$$\mathbb{Z}[\sqrt{D}]=\{m\sqrt{D}+n \mid m,n\in\mathbb{Z}\}$$

とすると，$\mathbb{Z}[\sqrt{D}]$は，通常の加法，乗法によって可換環となることを示せ．

解答　③を示せば十分．

Ⅰ a),b),c)は自明，d)は

$$\alpha=m\sqrt{D}+n$$

に対して

$$-\alpha=-m\sqrt{D}-n$$

と定義すればよい．Ⅱ,Ⅲ,Ⅳもただちにでる．

問題4

$$f(x)=x^n+a_1x^{n-1}+\cdots+a_{n-1}x+a_n,\qquad a_1,\cdots,a_{n-1},a_n\in\mathbb{Z}$$

は，有理数体上因数分解ができない(このことを既約ということが多い)，すなわち

$$f(x)=f_1(x)\cdot f_2(x)$$

となる有理数係数の1次以上の多項式$f_1(x)$，$f_2(x)$が存在しないとする．

$f(x)=0$ の根の 1 つを α とする.

$$\mathbb{Z}[\alpha] = \{m_1\alpha^{n-1}+m_2\alpha^{n-2}+\cdots+m_n \mid m_1, m_2, \cdots, m_n \in \mathbb{Z}\}$$

とおくと

① $\mathbb{Z}[\alpha]$ は加法, 乗法に関して閉じている, すなわち x, y を $\mathbb{Z}[\alpha]$ の任意の 2 元とすると

$$x+y \in \mathbb{Z}[\alpha], \qquad x\cdot y \in \mathbb{Z}[\alpha]$$

が成り立つことを示せ.

② $\mathbb{Z}[\alpha]$ は加法, 乗法によって可換環となることを示せ.

解答 ①イ) 加法

$$x = m_1\alpha^{n-1}+m_2\alpha^{n-2}+\cdots+m_n$$
$$y = l_1\alpha^{n-1}+l_2\alpha^{n-2}+\cdots+l_n$$

$$x+y = (m_1+l_1)\alpha^{n-1}+(m_2+l_2)\alpha^{n-2}+\cdots+(m_n+l_n).$$
$$\therefore \quad x+y \in \mathbb{Z}[\alpha]$$

ロ) 乗法

$$f(\alpha) = \alpha^n+a_1\alpha^{n-1}+\cdots+a_n = 0$$
$$\therefore \quad \alpha^n = -a_1\alpha^{n-1}-\cdots-a_n \in \mathbb{Z}[\alpha]$$

$$\alpha\cdot y = l_1\alpha^n+l_2\alpha^{n-1}+\cdots+l_n\alpha$$
$$= l_1\alpha^n+(l_2\alpha^{n-1}+\cdots+l_n\alpha)$$

$$l_1\alpha^n \in \mathbb{Z}[\alpha], \qquad l_2\alpha^{n-1}+\cdots+l_n\alpha \in \mathbb{Z}[\alpha].$$

よってイ)より

$$\alpha\cdot y \in \mathbb{Z}[\alpha].$$

これを繰り返すことによって，任意の正の整数 k に対して

$$\alpha^k \cdot y \in \mathbb{Z}[\alpha].$$

これより

$$m_k \alpha^{n-k} \cdot y \in \mathbb{Z}[\alpha].$$

ふたたびイ)より

$$\begin{aligned} x \cdot y &= \left(\sum_{k=1}^{n} m_k \alpha^{n-k} \right) \cdot y \\ &= \sum_{k=1}^{n} (m_k \alpha^{n-k} \cdot y) \in \mathbb{Z}[\alpha]. \end{aligned}$$

②　問題3と同様，直接計算して示すことができる．

環のいくつかの例は，演習問題として最後にのせてある．また，第9章で扱う多項式環は，環の重要な例である．そのほかにも，読者は多くの例を考えてみられることをすすめる．

環について，述べるべきことはたくさんあるが，それは第9章にゆずることとして，体の議論が主題なので，先へ進むことにする．

定義４　単位元を持つ環 $\boldsymbol{F}$ が，次の条件をみたすとき，**体**という．

a)　零元0と単位元1とは相異なる．

b)　$\boldsymbol{F}$ の任意の元 α(ただし $\alpha \neq 0$)に対して

$$\alpha \cdot x = x \cdot \alpha = 1$$

なる $\boldsymbol{F}$ の元が一意に存在する．これを α^{-1} と書く．

特に $\boldsymbol{F}$ が可換環のとき，**可換体**であるという．可換体でない体は**非可換体**という．以下では可換体の場合を考えるので特にことわらない限り体は可換体であると仮定する．

条件 a)の意味は，

$$0+0=0$$

$$0\times 0=0$$

と定めると，零元0および単位元0を持った，0のみからなる環ができるが，この場合を除くという意味である．

体とは，加減乗除ができる“数”の集まりである，ということができる．すなわち問題2とおなじように

問題５　α, β を $\boldsymbol{F}$ の零元以外の任意の元とすると

$$\alpha\cdot x=\beta$$
$$y\cdot\alpha=\beta$$

なる，$\boldsymbol{F}$ の元 x, y が一意に定まる．x, y は一般には一致しないが，$\boldsymbol{F}$ が可換であれば $x=y$ となる．

解答

$$x=\alpha^{-1}\cdot\beta, \qquad y=\beta\cdot\alpha^{-1}$$

とおけば，x, y は上の式をみたす．一意性は

$$\alpha x=\beta, \qquad \alpha x'=\beta$$

とすると

$$\alpha x=\alpha x'.$$

両辺に α^{-1} をかけて

$$(\alpha^{-1}\cdot\alpha)x=(\alpha^{-1}\cdot\alpha)x'$$
$$1\cdot x=1\cdot x'$$
$$x=x'.$$

コラム

4-1　ハミルトンの四元数

アイルランドの数学者ハミルトン(1805-65)は複素数を拡張した“数”を考えて 1843 年に四元数を発見した．四元数は実数や複素数と同様に四則演算ができるが，掛ける順番によって値が異なる点が実数や複素数と大きく違っている．

四元数では i, j, k という三つの異なる“虚数単位”を考え，その間の積を

$$i^2 = -1, \quad j^2 = -1, \quad k^2 = -1$$
$$ij = -ji = k, \quad jk = -kj = i$$
$$ki = -ik = j$$

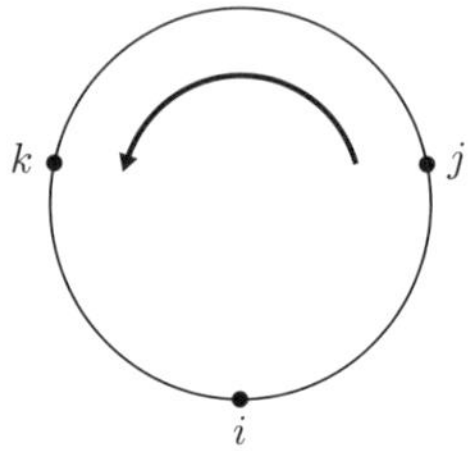

と定義する．図のように円周上に i, j, k を並べると反時計廻りに並んだ二つの数の積をとると(たとえば ij を考える)その値は残りの数($ij=k$)となり，時計廻りに積をとると，符号が逆になるように定義した．そこで a, b, c, d を実数として

$$\alpha = a+bi+cj+dk$$

という形で表わされているものを四元数という．$a+0i+0j+0k$ を a と記し，$a+bi+0j+0k$ を $a+bi$ と記すことによって実数や複素数は四元数に含まれていると考えることができる．二つの四元数 α, α'

$$\alpha = a+bi+cj+dk$$
$$\alpha' = a'+b'i+c'j+d'k$$

の和は

$$\alpha+\alpha' = (a+a')+(b+b')i+(c+c')j+(d+d')k$$

と定義し，積を

$$
\begin{aligned}
\alpha\cdot\alpha' = &(aa'-bb'-cc'-dd')\\
&+(ab'+a'b+cd'-c'd)i+(ac'+ca'-bd'+db')j\\
&+(ad'+da'+bc'-b'c)k
\end{aligned}
$$

と定義する(積は上の i, j, k の積の定義を使って形式的に計算したものと一致している)．すると四元数の全体は四則演算ができる，本章の定義 4 の体になっていることがわかる．i, j, k の積の定義から明らかなように積は交換法則をみたさない(これを可換でない，非可換ということが多い)．

四元数

$$\alpha = a+bi+cj+dk$$

に対してその共役(きょうやく)四元数 $\bar{\alpha}$ を

$$\bar{\alpha} = a-bi-cj-dk$$

と定義すると

$$\alpha\cdot\bar{\alpha} = a^2+b^2+c^2+d^2$$

となり，$\alpha\neq 0$ であれば $\alpha\cdot\bar{\alpha}>0$ である．

そこで $|\alpha|=\sqrt{a^2+b^2+c^2+d^2}$ とおいて $|\alpha|$ を α の絶対値と呼ぶ．これは第 2 章で考察した絶対値の性質を持っている．そこで $\alpha\neq 0$ のとき

$$\beta = \frac{a}{|\alpha|}-\frac{b}{|\alpha|}i-\frac{c}{|\alpha|}j-\frac{d}{|\alpha|}k$$

とおくと

$$\alpha\beta = \beta\alpha = 1$$

が成り立ち，β は α の逆元 α^{-1} であることがわかる．四元数の割り算は積が可換でないので注意を要する．$\alpha\div\gamma$ は $\alpha\gamma^{-1}$ なのか $\gamma^{-1}\alpha$ なのかわからないので通常は使用しない．たとえば

$$\alpha = a+bi+cj+dk$$

$$\gamma = k$$

のとき $\gamma^{-1}=-k$ であり

$$\gamma^{-1}\alpha = -ak - bki - ckj - dk^2$$
$$= d + ci - bj - ak$$
$$\alpha\gamma^{-1} = -ak - bik - cjk - dk^2$$
$$= d - ci + bj - ak$$

となり，$b \neq 0$ または $c \neq 0$ であれば $\gamma^{-1}\alpha \neq \alpha\gamma^{-1}$.

体の例をいくつかあげよう．以前から述べているように，有理数体 $\mathbb{Q}$，実数体 $\mathbb{R}$，複素数体 $\mathbb{C}$ はすべて可換体である．またハミルトンの四元数(コラム 4-1 を参照のこと)は，非可換体である．

問題 6

$$\mathbb{Q}(i) = \{a + bi \mid a,\, b \in \mathbb{Q}\}$$

は体であることを示せ．

解答 $\mathbb{Q}(i)$ が単位元を持つ可換環であることは，問題 3 と同様に示される．したがって除法ができることをいえばよい．

$$\alpha = a + bi \neq 0$$

とする．

$$\alpha^{-1} = \frac{1}{a^2 + b^2}(a - bi)$$

とすれば，$\alpha \cdot \alpha^{-1} = 1$ となる．また，かかる α^{-1} が一意に定まることもすぐわかる．

問題 3 のときと同様に，問題 6 は，次のように一般化される．

問題７　$\sqrt{D}$ を問題 3 ③のときとおなじ意味で用いる．

$$\mathbb{Q}(\sqrt{D}) = \{a+b\sqrt{D} \mid a,\, b \in \mathbb{Q}\}$$

は体であることを示せ．

解答　問題 6 と同様にできる．

$$\alpha = a+b\sqrt{D}$$

に対して

$$\alpha^{-1} = \frac{1}{a^2-b^2D}(a-b\sqrt{D})$$

となる．これは分母の有理化にほかならない．

さらに，この事実を一般化して，問題 4 とおなじ仮定のもとで，

$$\mathbb{Q}(\alpha) = \{a_1\alpha^{n-1}+a_2\alpha^{n-2}+\cdots+a_n \mid a_1, a_2, \cdots, a_n \in \mathbb{Q}\}$$

も体となることがわかる．このことの証明には，次のような多項式の性質を使う．

補題　$f(x)$ は有理数係数の既約な多項式とする．すなわち，有理数係数の 2 個の 1 次以上の多項式 $g_1(x)$, $g_2(x)$ によって

$$f(x) = g_1(x)\cdot g_2(x)$$

とは決して表わされないものとする．このとき，0 ではない任意の有理数係数多項式 $g(x)$ に対して，

$$f(x)h_1(x)+g(x)h_2(x) = 1$$

となる有理数係数多項式 $h_1(x)$, $h_2(x)$ が存在する．

この補題の証明は第 9 章，問題 5 の解答に記す．これを使って $\mathbb{Q}(\alpha)$ が体になることを証明しよう．問題をはっきり書くと

問題 8

$$f(x) = x^n + a_1 x^{n-1} + \cdots + a_n, \qquad a_1, \cdots, a_n \in \mathbb{Q}$$

は $\mathbb{Q}$ 上既約な多項式とする．

α を $f(x)=0$ の一つの根とし

$$\mathbb{Q}(\alpha) = \{b_1\alpha^{n-1} + b_2\alpha^{n-2} + \cdots + b_n \mid b_1, b_2, \cdots, b_n \in \mathbb{Q}\}$$

とすると，$\mathbb{Q}(\alpha)$ は体であることを示せ．

解答　一般に，多項式 $g(x)$ に対して，x に α を代入したものを，いつもの通り $g(\alpha)$ と表わすことにする．

$\mathbb{Q}(\alpha)$ が単位元を持つ可換環となることは，問題 4 と同様に

$$\alpha^n = -(a_1\alpha^{n-1} + \cdots + a_n)$$

を使って示される．

$\mathbb{Q}(\alpha)$ が体になるためには，$\beta \neq 0$ なる任意の $\mathbb{Q}(\alpha)$ の元に対して，β^{-1} の存在を示さなければならない．

$$\beta = b_1\alpha^{n-1} + b_2\alpha^{n-2} + \cdots + b_n$$

とするとき，β に対して有理数係数の多項式を

$$g(x) = b_1 x^{n-1} + b_2 x^{n-2} + \cdots + b_n$$

と定めると，$\beta \neq 0$ より $g(x) \neq 0$ となる．

したがって上の補題によって

$$f(x)h_1(x) + g(x)h_2(x) = 1 \qquad (*)$$

となる有理係数多項式 $h_1(x)$, $h_2(x)$ が存在する．（＊）の両辺に $x=\alpha$ を代入すると，$f(\alpha)=0$ より

$$g(\alpha)\cdot h_2(\alpha)=1$$

となる．そこで

$$h_2(x)=\sum_{k=0}^{m} a_k x^k$$

とすると，

$$h_2(\alpha)=\sum_{k=0}^{m} a_k \alpha^k$$

となることから，ふたたび

$$\alpha^n=-(a_1\alpha^{n-1}+\cdots+a_n)$$

を使って，

$$h_2(\alpha)\in\mathbb{Q}(\alpha)$$

がわかり，よって $h_2(\alpha)=\beta^{-1}$ とおくと

$$\beta\cdot\beta^{-1}=1$$

となる．また，β^{-1} の一意性も容易にわかる．

さて，上の証明で

$$\beta=b_1\alpha^{n-1}+b_2\alpha^{n-2}+\cdots+b_n$$
$$g(x)=b_1x^{n-1}+b_2x^{n-2}+\cdots+b_n$$

としたとき，$\beta\neq0$ ならば，$g(x)\neq0$，すなわち $b_1,\cdots,b_n$ のうちに 0 でないものがあるという，自明のことを使ったが，この逆『$b_1,\cdots,b_n$ のうちに 0 でないものがあれば $\beta\neq0$』は成り立つであろうか．この命題の対偶をとってみれば，

$$\beta = b_1\alpha^{n-1}+b_2\alpha^{n-2}+\cdots+b_n = 0$$

であれば，

$$b_1 = b_2 = \cdots = b_n = 0$$

となる．

問題９　$f(x), \alpha$ は問題８とおなじものとする．このとき

$$\beta = b_1\alpha^{n-1}+b_2\alpha^{n-2}+\cdots+b_n$$

が0になるための必要十分条件は

$$b_1 = b_2 = \cdots = b_n$$

となることであることを示せ．

解答　十分条件($b_1=b_2=\cdots=b_n=0$ ならば $\beta=0$)は明らか．必要条件を示す．背理法による．$\beta=0$ ではあるが，$b_1, \cdots, b_n$ のうち0でないものがあったとする．β に対して，前と同様に

$$g(x) = b_1x^{n-1}+b_2x^{n-2}+\cdots+b_n$$

とおくと，仮定より $g(x)\neq 0$ であり，しかも

$$g(\alpha) = 0.$$

したがって，α は $n-1$ 次以下の有理数係数多項式の根となる．そこで，α を根に持つような，有理数係数の0ではない多項式で次数が一番低いものを $h(x)$ とする(このような多項式は，最高次の係数を1にしておけば，一意に定まる)．上に述べたように

$$g(\alpha) = 0$$

であり，$g(x)$ の次数は $n-1$ 次以下であるから，$h(x)$ の次数は $n-1$ 次以

下である．そこで $f(x)$ を $h(x)$ で割って

$$f(x) = q(x)h(x) + h_1(x)$$

(ただし $q(x), h(x)$ は有理数係数多項式であり，$h_1(x)$ の次数は $h(x)$ の次数より真に小)とする．この両辺に α を代入すると

$$f(\alpha) = q(\alpha)h(\alpha) + h_1(\alpha).$$

一方

$$f(\alpha) = h(\alpha) = 0$$

であるから，

$$h_1(\alpha) = 0$$

となる．ところで $h(x)$ は，$x=\alpha$ を根にもつ 0 ではない有理数係数多項式のうち，次数が一番低いものであったから，$h_1(\alpha)=0$ となるためには，最初から $h_1(x)=0$ でなければいけない．したがって

$$f(x) = q(x)h(x).$$

これは $f(x)$ が既約なことに反するから矛盾である．

問題 9 の事実は，第 7 章で述べる言葉を使えば，$\mathbb{Q}(\alpha)$ は $\mathbb{Q}$ の **n 次の拡大体**であり，ベクトル空間としての $\mathbb{Q}$ 上の**底**が，

$$1, \quad \alpha, \quad \alpha^2, \quad \cdots, \quad \alpha^{n-1}$$

となることを示している．また，$\mathbb{Z}[\alpha]$ は環ではあるが決して体にはなり得ない．これは，任意の整数 $n\neq 0$ に対して

$$n \in \mathbb{Z}[\alpha], \qquad \frac{1}{n} \notin \mathbb{Z}[\alpha]$$

であることから，明らかである．$\mathbb{Z}$ を含む最小の体は $\mathbb{Q}$ であり，それとおな

じく，$\mathbb{Z}[\alpha]$ を含む最小の体は $\mathbb{Q}(\alpha)$ である．読者は，その証明を考えてみてほしい(演習問題[4]を参照せよ)．

第4章 演習問題

[1]　$\{(a_1, a_2) | a_1, a_2 \in \mathbb{Q}\}$，$\mathbb{Q}$ は有理数体に対して，加法，乗法を

$$(a_1, a_2)+(b_1, b_2) = (a_1+b_1, a_2+b_2)$$
$$(a_1, a_2)\cdot(b_1, b_2) = (a_1 b_1, a_2 b_2)$$

と定めると，単位元をもつ，可換環となることを示せ．しかし体ではないことも併せて示せ．

[2]　区間 $I=(-1,1)$ で定義された，実数値連続関数の全体を $C(I)$ とする．$C(I)$ の加法，乗法を

$$\begin{aligned}(f+g)(x) &= f(x)+g(x) \\ (f\cdot g)(x) &= f(x)\cdot g(x),\end{aligned} \qquad f, g \in C(I)$$

と定めると，$C(I)$ は単位元を持つ可換環となることを示せ．しかし体ではないことも併せて示せ．

[3]　$\{(a_1, a_2, a_3) | a_1, a_2, a_3 \in \mathbb{Q}\}$ に対して，加法，乗法を

$$(a_1, a_2, a_3)+(b_1, b_2, b_3) = (a_1+b_1, a_2+b_2, a_3+b_3)$$
$$(a_1, a_2, a_3)\cdot(b_1, b_2, b_3) = (a_2 b_3 - a_3 b_2, a_3 b_1 - a_1 b_3, a_1 b_2 - a_2 b_1)$$

と定めると，単位元を持たない，非可換環になることを示せ．

[4]　$\boldsymbol{A}$ を単位元を持った可換環とし，$\boldsymbol{A}$ の元 a, b に対して $a\cdot b=0$ であれば，$a=0$ かまたは $b=0$ とする(このような環のことを**整域**という)．$\mathbb{Z}$ は整域であるが，行列のつくる環は整域ではない．たとえば

$$\begin{pmatrix} 0 & 1 \\ 0 & 0 \end{pmatrix}\begin{pmatrix} 0 & 1 \\ 0 & 0 \end{pmatrix} = \begin{pmatrix} 0 & 0 \\ 0 & 0 \end{pmatrix}$$

$\boldsymbol{A}$ が整域のとき，$\boldsymbol{A}$ の2元の組 (a, b)(ただし $b\neq 0$)の全体 $\boldsymbol{K}$ に対して，

① $(a, b)=(c, d) \Longleftrightarrow ad=bc$

② $(a, b)+(c, d)=(ad+bc, bd)$

③ $(a, b)\cdot(c, d)=(ac, bd)$

と等号，加法，乗法を定めると，$\boldsymbol{K}$ は体になることを示せ．これを $\boldsymbol{A}$ の**商体**という．(たとえば $\mathbb{Z}$ の商体は $\mathbb{Q}$，$\mathbb{Z}[\alpha]$(問題4参照)の商体は $\mathbb{Q}(\alpha)$ となる．この場合 (a, b) には分数 a/b が対応する．) $\boldsymbol{K}$ は $\boldsymbol{A}$ を含む最小の体と考えられる．これを示せ．

[5]　$D>0$ は正整数であり，かつ平方数ではないとする．次を示せ．

① $\mathbb{Z}[\sqrt{D}]$ は環であるが，体ではない．

② 整数 n を任意に与えたとき

$$0 \leqq m+\sqrt{D}n < 1$$

をみたす整数 m が一意に存在する．

('69　山口大の一般化)

[6]　p を正整数とする．

$$C(n) = \{a \mid a = r\cdot p+n,\ r \in \mathbb{Z}\}$$

とおく．

$$C(n)+C(n') = \{a+a' \mid a \in C(n),\ a' \in C(n')\}$$

$$C(n)\cdot C(n') = \{a\cdot a' \mid a \in C(n),\ a' \in C(n')\} \text{ を含む } C(n'')$$

とおくとき，次を示せ．

① $C(n)+C(n')=C(n+n')$,　　$C(n)\cdot C(n')=C(n\cdot n')$

② $C(n)$ は

$$C(0),\quad C(1),\quad C(2),\quad \cdots,\quad C(p-1)$$

のいずれかと一致する．

③ $\{C(0), C(1), C(2), \cdots, C(p-1)\}$ は①で定めた加法，乗法により，単位元を持つ可換環となる．

④ 特に p が素数ならば，③で定めた環は体となる．

5 ベクトル空間

ベクトルという言葉はよく知っていても，ベクトル空間という言葉はほとんど聞いたことがないであろう．しかし実は，数学的に厳密に考えてみれば，ベクトル空間が最初に定義され，ベクトル空間の元として，ベクトルが定義されるのである．現在の高校数学では，その点をあいまいにしているために極めて不十分である．とりわけ，ベクトルの一次独立，一次従属という重要な概念が導入されていないので，ベクトルを導入したことの意味がまったくなくなってしまっている．ベクトルは単に幾何の問題を解くための道具でもなければ，複素数を導入するための道具でもない．ベクトル空間そのものをとっても多くの興味ある事実のあることが，以下次第に明らかになるであろう．

まえおきはこれくらいにして，早速ベクトル空間の定義を与えることにしよう．$\boldsymbol{F}$ は任意の体とする．(体のイメージがよく理解できない人は，$\boldsymbol{F}$ を，有理数体 $\mathbb{Q}$，実数体 $\mathbb{R}$，複素数体 $\mathbb{C}$ などとして考えよ．)

定義 1　集合 $\boldsymbol{V}$ が，次の性質をみたすとき，体 $\boldsymbol{F}$ **上のベクトル空間**(または，$\boldsymbol{F}$ **上の線型空間**)という．また $\boldsymbol{V}$ の元を**ベクトル**と呼ぶ．

I　ベクトルの加法の法則．

$\boldsymbol{V}$ の元の間に加法 $+$ が定義され次の性質を持つ．

a)　結合法則

$$\boldsymbol{x}+(\boldsymbol{y}+\boldsymbol{z}) = (\boldsymbol{x}+\boldsymbol{y})+\boldsymbol{z}, \qquad \boldsymbol{x}, \boldsymbol{y}, \boldsymbol{z} \in \boldsymbol{V}$$

b)　交換法則

$$\boldsymbol{x}+\boldsymbol{y} = \boldsymbol{y}+\boldsymbol{x}, \qquad \boldsymbol{x}, \boldsymbol{y} \in \boldsymbol{V}$$

c)　零ベクトルの存在．$\boldsymbol{V}$ の任意の元 $\boldsymbol{x}$ に対して

$$x+0 = 0+x = x$$

なる $\boldsymbol{V}$ の元 $\boldsymbol{0}$ が存在する．これを $\boldsymbol{V}$ の**零ベクトル**という．

d)　$\boldsymbol{V}$ の任意の元 $\boldsymbol{x}$ に対して

$$\boldsymbol{x}+\boldsymbol{u} = \boldsymbol{0}$$

なる $\boldsymbol{u}$ が一意に存在する．この $\boldsymbol{u}$ のことを $-\boldsymbol{x}$ と書く

II　ベクトルのスカラー倍．

$\boldsymbol{F}$ の元と，$\boldsymbol{V}$ の元との積 · が定義され，次の性質を持つ．

a)　$\alpha\cdot\boldsymbol{x}\in\boldsymbol{V}$,　$\alpha\in\boldsymbol{F}$,　$\boldsymbol{x}\in\boldsymbol{V}$

b)　$\alpha\cdot(\boldsymbol{x}+\boldsymbol{y})=\alpha\cdot\boldsymbol{x}+\alpha\cdot\boldsymbol{y}$,　　$\alpha\in\boldsymbol{F}$,　$\boldsymbol{x},\boldsymbol{y}\in\boldsymbol{V}$

c)　$(\alpha+\beta)\cdot\boldsymbol{x}=\alpha\cdot\boldsymbol{x}+\beta\cdot\boldsymbol{x}$,　　$\alpha,\beta\in\boldsymbol{F}$,　$\boldsymbol{x}\in\boldsymbol{V}$

d)　$1\cdot\boldsymbol{x}=\boldsymbol{x}$,　　1 は $\boldsymbol{F}$ の単位元，$\boldsymbol{x}\in\boldsymbol{V}$

I の a)～d) は環の公理の I a)～d) と同一であることに注意せよ．II c) より

$$0\cdot\boldsymbol{x} = \boldsymbol{0}$$

なることがすぐわかる．ただし，左辺の 0 は体 $\boldsymbol{F}$ の零元，右辺の $\boldsymbol{0}$ は $\boldsymbol{V}$ の零ベクトル．また II c), d) より

$$(-1)\cdot\boldsymbol{x} = -\boldsymbol{x}$$

であることがわかる．なぜならば

$$\begin{aligned} \boldsymbol{0} = 0\cdot\boldsymbol{x} &= (1+(-1))\cdot\boldsymbol{x} = 1\cdot\boldsymbol{x}+(-1)\cdot\boldsymbol{x} && \text{II c)} \\ &= \boldsymbol{x}+(-1)\cdot\boldsymbol{x} && \text{II d)} \end{aligned}$$

よって I d) より

$$(-1)\cdot\boldsymbol{x} = -\boldsymbol{x}$$

なることがわかる．また $\boldsymbol{F}$ の任意の元 α と零ベクトル $\boldsymbol{0}$ に対して $\alpha\cdot\boldsymbol{0}=\boldsymbol{0}$ も II b) より容易にわかる．以上簡単な注意をしておいて，ベクトル空間の例をあげることにしよう．

問題 1　体 $\boldsymbol{F}$ に対して

$$\boldsymbol{F}^n = \{(a_1, a_2, \cdots, a_n) \mid a_i \in \boldsymbol{F},\ 1 \leqq i \leqq n\}$$

とおく．すなわち $\boldsymbol{F}^n$ は体 $\boldsymbol{F}$ の元を n 個横に並べたものとする．$\boldsymbol{F}^n$ の任意の 2 元

$(a_1, a_2, \cdots, a_n)$, $(b_1, b_2, \cdots, b_n)$ の**和** $+$ を

$$(a_1, a_2, \cdots, a_n)+(b_1, b_2, \cdots, b_n) = (a_1+b_1, a_2+b_2, \cdots, a_n+b_n)$$

スカラー倍を

$$a\cdot(a_1, a_2, \cdots, a_n) = (aa_1, aa_2, \cdots, aa_n)$$

と定めると，$\boldsymbol{F}^n$ は体 $\boldsymbol{F}$ 上のベクトル空間となることを示せ．

解答　I a), b) は明らか．

I c)　$\mathbf{0}=(0, 0, \cdots, 0)$ とすればよい．

I d)　$-(a_1, a_2, \cdots, a_n)=(-a_1, -a_2, \cdots, -a_n)$ とすればよい．

II a)〜d) は定義より明らか．

次章で見るように $\boldsymbol{F}$ 上 n 次元のベクトル空間はすべて上の $\boldsymbol{F}^n$ と同型になる(次元，同型の定義は以下に与える)．したがって有限次元のベクトル空間は，本質的には上の $\boldsymbol{F}^n$ と一致してしまうのである．しかしながら通常はベクトル空間だけを考えるのではなく，ベクトル空間に積を定義したり，内積を定義したりして，さらに精密な議論をする．たとえば，通常よく行なっているように複素数体 $\mathbb{C}$ の任意の元 $\alpha=a+bi$ に対して，(a, b) を対応させることによって，$\mathbb{C}$ を実数体 $\mathbb{R}$ 上のベクトル空間と見ると，(a, b) と (c, d) との積は

$$(a, b)\times(c, d) = (ac-bd,\ ad+bc)$$

となる．また同様にして，ハミルトンの四元数体(コラム 4-1 参照)も，$\mathbb{R}$ 上

コラム

5-1　行列を使った複素数と四元数の表示

複素数や四元数を行列を使って表示してみよう．

行列の全体は非可換環であるが，その一部分を取り出して複素数や四元数の全体と同一視できる．いささか天下りだが 2×2 行列

$$\begin{pmatrix} a & b \\ -b & a \end{pmatrix}$$

の全体を考える $(a, b \in \mathbb{R})$．行列の積をとると

$$\begin{pmatrix} a & b \\ -b & a \end{pmatrix}\begin{pmatrix} a' & b' \\ -b' & a' \end{pmatrix} = \begin{pmatrix} aa'-bb' & ab'+ba' \\ -(ab'+ba') & aa'-bb' \end{pmatrix}$$

そこで

$$\begin{pmatrix} a & b \\ -b & a \end{pmatrix} \longmapsto a+bi$$

と対応をつけるとこの対応は四則演算を保っている．すなわち

$$\begin{pmatrix} a & b \\ -b & a \end{pmatrix}+\begin{pmatrix} a' & b' \\ -b' & a' \end{pmatrix} = \begin{pmatrix} a+a' & b+b' \\ -(b+b') & a+a' \end{pmatrix}$$

$$\downarrow \qquad\qquad \downarrow \qquad\qquad \downarrow$$

$$(a + bi) + (a' + b'i) = (a + a') + (b + b')i$$

$$\begin{pmatrix} a & b \\ -b & a \end{pmatrix}\begin{pmatrix} a' & b' \\ -b' & a' \end{pmatrix} = \begin{pmatrix} aa'-bb' & ab'+ba' \\ -(ab'+ba') & aa'-bb' \end{pmatrix}$$

$$\downarrow \qquad\qquad \downarrow \qquad\qquad \downarrow$$

$$(a + bi) \cdot (a' + b'i) = (aa' - bb') + (ab' + ba')i$$

このようにして

$$\left\{ \begin{pmatrix} a & b \\ -b & a \end{pmatrix} \middle| \; a,\ b \in \mathbb{R} \right\}$$

は行列の和と積によって複素数体と同型な体を定義することがわかる．

同様に

$$\left\{\begin{pmatrix}\alpha & \beta \\ -\bar{\beta} & \bar{\alpha}\end{pmatrix} \,\middle|\, \alpha,\ \beta\in\mathbb{C}\right\}$$

は行列の和と積によって四元数体と同型な体になる．$\bar{\alpha},\bar{\beta}$ は α,β の複素共役．これは四元数 $a+bi+cj+dk$ を

$$a+bi+cj+dk=(a+bi)+(c+di)j$$

と書いて $a+bi\in\mathbb{C}$, $c+di\in\mathbb{C}$ と考えることから示すことができる．すなわち

$$\begin{pmatrix}\alpha & \beta \\ -\bar{\beta} & \bar{\alpha}\end{pmatrix}\longmapsto \alpha+\beta j$$

と対応させると，たとえば積は

$$\begin{pmatrix}\alpha & \beta \\ -\bar{\beta} & -\bar{\alpha}\end{pmatrix}\begin{pmatrix}\alpha' & \beta' \\ -\bar{\beta}' & -\bar{\alpha}'\end{pmatrix}=\begin{pmatrix}\alpha\alpha'-\beta\bar{\beta}' & \alpha\beta'+\beta\bar{\alpha}' \\ -(\bar{\beta}\alpha'+\bar{\alpha}\bar{\beta}') & \bar{\alpha}\bar{\alpha}'-\bar{\beta}\beta'\end{pmatrix}$$

$$=\begin{pmatrix}\alpha\alpha'-\beta\bar{\beta}' & \alpha\beta'+\beta\bar{\alpha}' \\ -\overline{(\alpha\beta'+\beta\bar{\alpha}')} & \overline{\alpha\alpha'-\beta\bar{\beta}'}\end{pmatrix}$$

$$\begin{aligned}(\alpha+\beta j)(\alpha'+\beta' j)&=\alpha\alpha'+\beta j\alpha'+\alpha\beta' j+\beta j\beta' j\\&=\alpha\alpha'+\beta\bar{\alpha}' j+\alpha\beta' j+\beta\bar{\beta}' j^2\\&=(\alpha\alpha'-\beta\bar{\beta}')+(\alpha\beta'+\beta\bar{\alpha}')j\end{aligned}$$

となる．ここで

$$j(a+bi)=aj+bji=aj-bk=(a-bi)j=\overline{a+bi}\cdot j$$

を使った．上の計算は行列の積と四元数の積とが対応していることを示しており，写像

$$\begin{pmatrix}\alpha & \beta \\ -\bar{\beta} & \bar{\alpha}\end{pmatrix}\longmapsto \alpha+\beta j$$

は体の同型写像であることがわかる．

のベクトル空間で積の構造が入ったものと考えることができる．実は $\mathbb{C}$ 上のベクトル空間と考えることもできる．このことについてはコラム 5-1 を参照のこと．これらの例は多元環または多元数(または代数)と呼ばれるものである．さらにいくつかのベクトル空間の例を見よう．

問題 2　$M(m,n)$ を

$$\boldsymbol{M}(m,n)=\left\{\begin{pmatrix} a_{11} & a_{12} & \cdots & a_{1n} \\ a_{21} & a_{22} & \cdots & a_{2n} \\ \vdots & \vdots & & \vdots \\ a_{m1} & a_{m2} & \cdots & a_{mn} \end{pmatrix} \middle| \, a_{ij}\in\boldsymbol{F}\right\}$$

すなわち $\boldsymbol{F}$ の元を，縦に m 行，横に n 列並べたものとする．

$\boldsymbol{M}(m,n)$ の元のことを，m 行 n 列の行列，または $m\times n$ 行列という．また $\boldsymbol{M}(m,n)$ の元

$$A=\begin{pmatrix} a_{11} & \cdots & a_{1n} \\ \vdots & & \vdots \\ a_{m1} & \cdots & a_{mn} \end{pmatrix}$$

に対して，a_{ij} のことを A の (i,j) 成分と呼ぶ．さて $\boldsymbol{M}(m,n)$ に和およびスカラー倍を次のように定めると体 $\boldsymbol{F}$ 上のベクトル空間になることを示せ．

$$\begin{pmatrix} a_{11} & \cdots & a_{1n} \\ a_{21} & \cdots & a_{2n} \\ \vdots & & \vdots \\ a_{m1} & \cdots & a_{mn} \end{pmatrix}+\begin{pmatrix} b_{11} & \cdots & b_{1n} \\ b_{21} & \cdots & b_{2n} \\ \vdots & & \vdots \\ b_{m1} & \cdots & b_{mn} \end{pmatrix}=\begin{pmatrix} a_{11}+b_{11} & \cdots & a_{1n}+b_{1n} \\ a_{21}+b_{21} & \cdots & a_{2n}+b_{2n} \\ \vdots & & \vdots \\ a_{m1}+b_{m1} & \cdots & a_{mn}+b_{mn} \end{pmatrix}$$

$$a \cdot \begin{pmatrix} a_{11} & \cdots & a_{1n} \\ a_{21} & \cdots & a_{2n} \\ \vdots & & \vdots \\ a_{m1} & \cdots & a_{mn} \end{pmatrix} = \begin{pmatrix} aa_{11} & \cdots & aa_{1n} \\ aa_{21} & \cdots & aa_{2n} \\ \vdots & & \vdots \\ aa_{m1} & \cdots & aa_{mn} \end{pmatrix}$$

解答 問題 1 と同様.

$\boldsymbol{M}(1,n)$ は問題 1 で定義した $\boldsymbol{F}^n$ とおなじものであり，通常，**横ベクトル**と呼ばれ，$\boldsymbol{M}(n,1)$ のことを**縦ベクトル**という.

さらに，いくつかのベクトル空間の例を観察してみよう.

問題 3

① 次のものは，すべて $\mathbb{R}$ 上のベクトル空間であることを示せ.

イ） 区間 $(a,b)=\{x \mid a<x<b\}$ で連続な実数値関数全体　$C^0(a,b)$.

ロ） 区間 (a,b) で n 階微分可能であり，かつ n 階導関数が連続な関数全体　$C^n(a,b)$.

ハ） 区間 (a,b) で任意の階数微分可能な関数全体　$C^\infty(a,b)$

ただしイ)，ロ)，ハ)は，和，およびスカラー倍を

$$(f+g)(x) = f(x)+g(x)$$

$$(\alpha \cdot f)(x) = \alpha f(x)$$

で定義する（→第 4 章，演習問題[2]）.

② $\boldsymbol{F}^\infty=\{(a_1,a_2,a_3,\cdots,a_n,\cdots) \mid a_i \in \boldsymbol{F},\ i=1,2,3,\cdots\}$ に対して，和，スカラー倍を

$$(a_1,a_2,a_3,\cdots,a_n,\cdots)+(b_1,b_2,b_3,\cdots,b_n,\cdots)$$

$$= (a_1+b_1, a_2+b_2, a_3+b_3, \cdots, a_n+b_n, \cdots)$$

$$a \cdot (a_1,a_2,a_3,\cdots,a_n,\cdots) = (a \cdot a_1, a \cdot a_2, a \cdot a_3, \cdots, a \cdot a_n, \cdots)$$

と定めると，体 $\boldsymbol{F}$ 上のベクトル空間になることを示せ．

定義 2　$\boldsymbol{V}$ を体 $\boldsymbol{F}$ 上のベクトル空間とする．$\boldsymbol{W}$ を $\boldsymbol{V}$ の部分集合とする．$\boldsymbol{W}$ が次の条件をみたすとき，$\boldsymbol{V}$ の**部分ベクトル空間**，または単に**部分空間**という．

$\boldsymbol{W}$ の任意の 2 元 $\boldsymbol{x}, \boldsymbol{y}$ と $\boldsymbol{F}$ の任意の 2 元 α, β に対して $\alpha\boldsymbol{x}+\beta\boldsymbol{y}\in\boldsymbol{W}$.

部分ベクトル空間の性質は次の問題からわかる．

問題 4

① $\boldsymbol{W}$ を $\boldsymbol{V}$ の部分ベクトル空間とするとき，$\boldsymbol{W}$ は $\boldsymbol{V}$ の中での和およびスカラー倍を考えることによって，$\boldsymbol{F}$ 上のベクトル空間になっていることを示せ．

② $\boldsymbol{W}_1, \boldsymbol{W}_2$ を $\boldsymbol{V}$ の部分ベクトル空間とすると $\boldsymbol{W}_1\cap\boldsymbol{W}_2$ も $\boldsymbol{V}$ の部分ベクトル空間であることを示せ．

解答　①　定義 2 で $\alpha=\beta=0$ とおけば

$$\boldsymbol{0} \in \boldsymbol{W}.$$

また $\boldsymbol{x}\in\boldsymbol{W}$ のとき，$\beta=0$ とおくと

$$\alpha\boldsymbol{x} = \alpha\boldsymbol{x}+0\cdot\boldsymbol{x} \in \boldsymbol{W}.$$

特に $\alpha=-1$ とおいて $-\boldsymbol{x}\in\boldsymbol{W}$.

以上より I a)〜d)，II a)〜d) は明らか．

②　$\boldsymbol{x}, \boldsymbol{y}\in\boldsymbol{W}_1\cap\boldsymbol{W}_2$ とすると

$$\alpha\boldsymbol{x}+\beta\boldsymbol{y} \in \boldsymbol{W}_1, \quad \alpha\boldsymbol{x}+\beta\boldsymbol{y} \in \boldsymbol{W}_2, \quad \alpha, \beta \in \boldsymbol{F}$$

より $\alpha\boldsymbol{x}+\beta\boldsymbol{y}\in\boldsymbol{W}_1\cap\boldsymbol{W}_2$.

さて，二つのベクトル空間が与えられたとき，その間にあるベクトル空間としての関係を考えることが大切になってくる．そのためにまず，二つの集合の間の写像について少し述べておく．A, B を集合とする．A から B への**写像** f とは，A の任意の元 a に対して，B の元 $f(a)$ を唯一つ定める操作をいい，

$$f : A \longrightarrow B$$

と書く．三つの集合 A, B, C と，A から B への写像 f, B から C への写像 g が与えられているとする．

$$f : A \longrightarrow B, \qquad g : B \longrightarrow C.$$

このとき，A から C への写像

$$g \circ f : A \longrightarrow C$$

を，A の任意の元 a に対して，

$$(g \circ f)(a) = g(f(a))$$

と定めることによって定義する．これを，f と g を**合成**して得られた写像という．さて写像 $f : A \longrightarrow B$ が与えられたとき，B の任意の元 b に対して，A の元 a が必ず存在して $b = f(a)$ となるとき，f を $\boldsymbol{B}$ **の上への写像**または**全射**と呼ぶ．また A の任意の 2 元 a_1, a_2 に対して

$$f(a_1) \neq f(a_2)$$

がつねに成り立つとき，f を $\boldsymbol{B}$ **の中への一対一の写像**または**単射**と呼ぶ．

f が全射でありかつ単射であるとき，f は集合の**同型写像**であるといい(また A と B とは集合として**同型**という)，同型写像が存在するとき A と B は，集合として同じものと考えてさしつかえない．

さて，体 $\boldsymbol{F}$ 上のベクトル空間 $\boldsymbol{V}, \boldsymbol{W}$ が与えられたとき，$\boldsymbol{V}$ と $\boldsymbol{W}$ の関係を調べるために $\boldsymbol{V}$ から $\boldsymbol{W}$ への写像を考えるわけであるが，$\boldsymbol{V}, \boldsymbol{W}$ は，集合としてだけでなく，ベクトル空間の構造を持っているので，その構造，ベクトルの加法とスカラー倍を保存するような写像のみを考えることにしよう．

定義 3　体 $\boldsymbol{F}$ 上のベクトル空間 $\boldsymbol{V}, \boldsymbol{W}$ が与えられたとき，$\boldsymbol{V}$ から $\boldsymbol{W}$ への写像 f が，次の条件をみたすとき，体 $\boldsymbol{F}$ 上の**線型写像**(または**線型作用素**)という．また，考えている体 $\boldsymbol{F}$ がわかっているときは，単に線型写像という．

(1)　$f(\boldsymbol{x}+\boldsymbol{y}) = f(\boldsymbol{x})+f(\boldsymbol{y}), \qquad \boldsymbol{x}, \boldsymbol{y} \in \boldsymbol{V}$

(2)　$f(\alpha\boldsymbol{x}) = \alpha f(\boldsymbol{x}), \qquad \alpha \in \boldsymbol{F}, \quad \boldsymbol{x} \in \boldsymbol{V}$

問題 5　$\boldsymbol{V}, \boldsymbol{W}$ を $\boldsymbol{F}$ 上のベクトル空間とする．

$$f : \boldsymbol{V} \longrightarrow \boldsymbol{W}$$

を線型写像とするとき，次のことを示せ．

①　$f(\mathbf{0})=\mathbf{0}$.

②　$f(\alpha\boldsymbol{x}+\beta\boldsymbol{y})=\alpha f(\boldsymbol{x})+\beta f(\boldsymbol{y}), \qquad \alpha, \beta\in\boldsymbol{F}, \quad \boldsymbol{x}, \boldsymbol{y}\in\boldsymbol{V}$.

③　逆に②が成立すれば，定義 3 の(1), (2)が成り立つ．

解答　①　$\mathbf{0}=\mathbf{0}+\mathbf{0}$ より

$$f(\mathbf{0}) = f(\mathbf{0}+\mathbf{0}) = f(\mathbf{0})+f(\mathbf{0}).$$

最初と最後に $-f(\mathbf{0})$ を足して $\mathbf{0}=f(\mathbf{0})$.

②

$$\begin{aligned} f(\alpha\boldsymbol{x}+\beta\boldsymbol{y}) &= f(\alpha\boldsymbol{x})+f(\beta\boldsymbol{y}) \\ &= \alpha f(\boldsymbol{x})+\beta f(\boldsymbol{y}). \end{aligned}$$

③　(1)　$\alpha=\beta=1$, 　　(2)　$\beta=0$ とおけばよい．

線型写像で与えられる $\boldsymbol{V}, \boldsymbol{W}$ の関係について次の問題で見ていこう.

問題6　$\boldsymbol{V}, \boldsymbol{W}$ は $\boldsymbol{F}$ 上のベクトル空間, f は $\boldsymbol{V}$ から $\boldsymbol{W}$ への線型写像 $f: \boldsymbol{V} \longrightarrow \boldsymbol{W}$ とする. 次のことを示せ.

① $\operatorname{Ker} f=\{\boldsymbol{x} \in \boldsymbol{V} \mid f(\boldsymbol{x})=\mathbf{0}\}$ は $\boldsymbol{V}$ の部分ベクトル空間である. これを線型写像 f の**核**(kernel)という.

② $\operatorname{Ker} f=\mathbf{0}$ のとき, f は, $\boldsymbol{V}$ から $\boldsymbol{W}$ の中への一対一の写像(単射)である.

③ $\operatorname{Im} f=\{\boldsymbol{x} \in \boldsymbol{W} \mid \boldsymbol{V}$ の元 $\boldsymbol{y}$ が存在して $\boldsymbol{x}=f(\boldsymbol{y})$ と書ける$\}$ は $\boldsymbol{W}$ の部分ベクトル空間である. これは線型写像 f の**像**(image)という.

④ $\operatorname{Im} f=\boldsymbol{W}$ のとき, f は $\boldsymbol{V}$ から $\boldsymbol{W}$ の上への写像(全射)である. このとき f は $\boldsymbol{F}$ 上の**準同型写像**であるという.

解答　① $\operatorname{Ker} f \ni \boldsymbol{x}, \boldsymbol{y}$ とすると, $\boldsymbol{F}$ の任意の 2 元 α, β に対して

$$f(\alpha \boldsymbol{x}+\beta \boldsymbol{y})=\alpha f(\boldsymbol{x})+\beta f(\boldsymbol{y})=\alpha \cdot \mathbf{0}+\beta \cdot \mathbf{0}=\mathbf{0}$$

$\therefore$　$\alpha \boldsymbol{x}+\beta \boldsymbol{y} \in \operatorname{Ker} f$. 定義 2 より $\boldsymbol{V}$ の部分空間であることがわかる.

② $\boldsymbol{V}$ の 2 元 $\boldsymbol{x}, \boldsymbol{y}$ に対して $f(\boldsymbol{x})=f(\boldsymbol{y})$ とすると,

$$\begin{aligned} f(\boldsymbol{x}-\boldsymbol{y}) &= f(\boldsymbol{x}+(-1) \cdot \boldsymbol{y})=f(\boldsymbol{x})+f((-1) \cdot \boldsymbol{x})=f(\boldsymbol{x})+(-1) \cdot f(\boldsymbol{y}) \\ &= f(\boldsymbol{x})-f(\boldsymbol{y})=\mathbf{0} \qquad \therefore \quad \boldsymbol{x}-\boldsymbol{y} \in \operatorname{Ker} f \end{aligned}$$

一方, $\operatorname{Ker} f=\mathbf{0}$ より

$$\boldsymbol{x}-\boldsymbol{y}=\mathbf{0} \qquad \therefore \quad \boldsymbol{x}=\boldsymbol{y}$$

③ $\operatorname{Im} f \ni \boldsymbol{u}, \boldsymbol{w}$ とすると, $\boldsymbol{V}$ の元 $\boldsymbol{x}, \boldsymbol{y}$ が存在して $\boldsymbol{u}=f(\boldsymbol{x})$, $\boldsymbol{w}=f(\boldsymbol{y})$ となっている. α, β を $\boldsymbol{F}$ の任意の 2 元とすると,

$$\alpha \boldsymbol{u}+\beta \boldsymbol{w}=\alpha f(\boldsymbol{x})+\beta f(\boldsymbol{y})=f(\alpha \boldsymbol{x}+\beta \boldsymbol{y})$$

$$\alpha \boldsymbol{x}+\beta \boldsymbol{y} \in \boldsymbol{V} \quad \text{であるから} \quad \alpha \boldsymbol{u}+\beta \boldsymbol{w} \in \operatorname{Im} f$$

したがって $\operatorname{Im} f$ は $\boldsymbol{W}$ の部分ベクトル空間である.

④　全射の定義そのものである．

$\mathrm{Ker}\, f$, $\mathrm{Im}\, f$ は，$\boldsymbol{V}, \boldsymbol{W}, f$ によって，種々の意味をつけることができる．演習問題を参照せよ．

$\boldsymbol{F}^{\infty}$ という無限次元のベクトル空間でも線型写像を考えられる．次の問題は簡単に解くことができる．

問題 7　問題 3 の記号を使う．$a<0<b$ としよう．

以下の写像はすべて線型写像であることを示せ．

①　$T^{(n)} : \boldsymbol{F}^{\infty} \longrightarrow \boldsymbol{F}^{\infty}$

$$T^{(n)}((a_1, a_2, a_3, \cdots, a_k, \cdots)) = (\overbrace{0, \cdots, 0}^{n \text{個}}, a_1, a_2, \cdots)$$

②　$P^{(n)} : \boldsymbol{F}^{\infty} \longrightarrow \boldsymbol{F}^{n}$

$$P^{(n)}((a_1, a_2, a_3, \cdots, a_k, \cdots)) = (a_1, a_2, \cdots, a_n)$$

③　$\delta^{(n)} : C^{\infty}(a, b) \longrightarrow \mathbb{R}$

$$\delta^{(n)}(f) = f^{(n)}(0),\ f \in C^{\infty}(a, b)$$

ここで $f^{(n)}(x)$ は $f(x)$ の n 階微分．ただし $f^{(0)}(x)=f(x)$．

問題 6 で出てきた概念を使うと同型写像は次のように定義できる．

定義 4　体 $\boldsymbol{F}$ 上のベクトル空間 $\boldsymbol{V}, \boldsymbol{W}$ に対して，単射かつ全射となる線型写像 $f : \boldsymbol{V} \longrightarrow \boldsymbol{W}$ が存在するとき，$\boldsymbol{V}$ と $\boldsymbol{W}$ はベクトル空間として**同型である**といい f を**同型写像**という．

体 $\boldsymbol{F}$ 上のベクトル空間 $\boldsymbol{V}, \boldsymbol{W}$ がベクトル空間として同型であれば，もちろん集合として同型なのであるが，逆は成立しない．集合論によって，$\boldsymbol{F}$ と $\boldsymbol{F}^{n}$ とは集合として同型であることが知られている．実は $\boldsymbol{F}$ と $\boldsymbol{F}^{\infty}$ も集合として同型になるのである．しかしベクトル空間としては同型にはならない．それは次章の議論で明らかになる．以下「同型」という言葉は「ベクトル空間として同型である」ことを意味することにする．同型なベクトル空間は，ベクトル空間として同一のもの(の違った表現)と考えられる．

問題 8　$T:\mathbb{C}\longrightarrow\mathbb{R}^2$，$T(\alpha)=(a,b)$，ただし $\alpha=a+bi$ は，$\mathbb{R}$ 上のベクトル空間として，同型写像であることを示せ．さらに一般に $d\neq0$ なる実数を一つ定めて $\mathbb{C}$ の任意の元 α を

$$\alpha = a+b\cdot di$$

と書くとき

$$T_d:\mathbb{C}\longrightarrow\mathbb{R}^2, \qquad T_d(\alpha)=(a,b)$$

と定めると同型写像であることを示せ．

解答　後の部分を示せば十分．$T_d(\alpha)=0$ とすると

$$\alpha = a+b\cdot di = 0+0\cdot di \qquad \therefore \quad \mathrm{Ker}\, T_d = \{0\}$$

よって問題 6 ②より T_d は単射．また $\mathbb{R}^2$ の任意の元 (a,b) に対して

$$\alpha = a+b\cdot(di) \quad \text{とおくと} \quad T_d(\alpha)=(a,b)$$

(よって問題 6 の④より T_d は全射.)

同型写像によって $\mathbb{C}$ を $\mathbb{R}^2$ に同型であるとみなすと，すでに上に述べたように，複素数体 $\mathbb{C}$ とは $\mathbb{R}^2$ に積を

$$(a_1,b_1)\times(a_2,b_2) = (a_1a_2-b_1b_2, a_1b_2+b_1a_2)$$

と入れたものと考えられる．一方，同型写像 T_d によって $\mathbb{C}$ を $\mathbb{R}^2$ に同型と見れば，体 $\mathbb{C}$ とは $\mathbb{R}^2$ に積を

$$(a_1,b_1)\times(a_2,b_2) = (a_1a_2-b_1b_2d^2, a_2b_1+a_1b_2)$$

と入れたものと考えることができる．このように体 $\boldsymbol{F}$ 上のベクトル空間が同型であっても，その同型写像は一意に定まるわけではない．それがどれくらいの自由度を持ち得るかは，次章で述べることにする．その他の線型写像の種々の例は，演習問題を参照すること．

体 $\boldsymbol{F}$ 上のベクトル空間 $\boldsymbol{V}, \boldsymbol{W}$ を与えたとき，そのベクトル空間の関係を与えるのが線型写像であった．ところで一つの線型写像を考えるのではなく，「$\boldsymbol{V}$ から $\boldsymbol{W}$ への線型写像の全体」を考えたらどうであろうか．そのため次の記号を導入する．

$$\mathrm{Hom}_{\boldsymbol{F}}(\boldsymbol{V}, \boldsymbol{W}) = \{f : \boldsymbol{V} \longrightarrow \boldsymbol{W} \mid f \text{ は } \boldsymbol{F} \text{ 上の線型写像}\}$$

新しい記号が出てきたが，驚くにはあたらない．右辺は長たらしいので新しい記号を用いたのである．Hom は英語の homomorphism の略である．

線型写像の全体という新しい考え方に慣れるために次の問題を考えてみよう．

問題 9

① $\boldsymbol{V}, \boldsymbol{W}$ を体 $\boldsymbol{F}$ 上のベクトル空間とするとき，$\boldsymbol{F}$ 上の線型写像全体 $\mathrm{Hom}_{\boldsymbol{F}}(\boldsymbol{V}, \boldsymbol{W})$ に，和，スカラー倍を

$$(f+g)(\boldsymbol{x}) = f(\boldsymbol{x})+g(\boldsymbol{x}), \qquad f, g \in \mathrm{Hom}_{\boldsymbol{F}}(\boldsymbol{V}, \boldsymbol{W}), \quad \boldsymbol{x} \in \boldsymbol{V}$$

$$(\alpha \cdot f)(\boldsymbol{x}) = \alpha \cdot f(\boldsymbol{x}), \qquad f \in \mathrm{Hom}_{\boldsymbol{F}}(\boldsymbol{V}, \boldsymbol{W})$$

と定めると，$\mathrm{Hom}_{\boldsymbol{F}}(\boldsymbol{V}, \boldsymbol{W})$ は体 $\boldsymbol{F}$ 上のベクトル空間であることを示せ．

② また $\boldsymbol{V}=\boldsymbol{W}$ のとき $\mathrm{Hom}_{\boldsymbol{F}}(\boldsymbol{V}, \boldsymbol{V})$ に積 · を

$$(f \cdot g)(\boldsymbol{x}) = (f \circ g)(\boldsymbol{x}) = f(g(\boldsymbol{x})), \qquad f, g \in \mathrm{Hom}_{\boldsymbol{F}}(\boldsymbol{V}, \boldsymbol{V}), \quad \boldsymbol{x} \in \boldsymbol{V}$$

と定めると，$\mathrm{Hom}_{\boldsymbol{F}}(\boldsymbol{V}, \boldsymbol{V})$ は環になることを示せ．

解答　①　$f, g \in \mathrm{Hom}_{\boldsymbol{F}}(\boldsymbol{V}, \boldsymbol{W})$ に対して，$f+g, \alpha f$ が $\boldsymbol{V}$ から $\boldsymbol{W}$ への線型写像であることは，定義から容易にたしかめることができる．$\mathrm{Hom}_{\boldsymbol{F}}(\boldsymbol{V}, \boldsymbol{W})$ の零ベクトルは $\boldsymbol{V}$ の任意の元に $\boldsymbol{W}$ の零ベクトルを対応させる写像である．また f に対して $-f$ は，上の αf の定義で $\alpha=-1$ とおいたものである．以上のことがわかればⅠ a)～d)，Ⅱ a)～d)を検証するのは容易．

②　4.1 節の環の公理のⅠは①より明らか．

Ⅱ　$f, g, h \in \mathrm{Hom}_{\boldsymbol{F}}(\boldsymbol{V}, \boldsymbol{V}),\qquad \boldsymbol{x} \in \boldsymbol{V}$

$$
\begin{aligned}
(f\cdot(g\cdot h))(\boldsymbol{x}) &= (f\circ(g\cdot h))(\boldsymbol{x}) = f((g\cdot h)(\boldsymbol{x})) \\
&= f((g\circ h)(\boldsymbol{x})) = f(g(h(\boldsymbol{x}))) \\
&= (f\circ g)(h(\boldsymbol{x})) = (f\cdot g)(h(\boldsymbol{x})) \\
&= ((f\cdot g)\circ h)(\boldsymbol{x}) = ((f\cdot g)\cdot h)(\boldsymbol{x})
\end{aligned}
$$

$$\therefore\quad f\cdot(g\cdot h) = (f\cdot g)\cdot h$$

ⅢもⅡと同様．

第 5 章　演 習 問 題

[1]　$\mathcal{E}$ を実数上の実数値関数で，任意の階数微分可能なもの全体とする．

①　$\mathcal{E}$ に和，スカラー倍を

$$
\begin{aligned}
(f+g)(x) &= f(x)+g(x), &\quad& f, g \in \mathcal{E} \\
(\alpha\cdot f)(x) &= \alpha\cdot f(x), && \alpha \in \mathbb{R},\quad f \in \mathcal{E}
\end{aligned}
$$

と定めると，$\mathcal{E}$ は $\mathbb{R}$ 上のベクトル空間になることを示せ．

②　$\mathcal{E}$ から $\mathcal{E}$ への写像 D を

$$Df = \frac{df}{dx} = f' = f \text{ の導関数}$$

と定める．次のことを示せ．

イ）　D は $\mathcal{E}$ から $\mathcal{E}$ への線型写像である．

ロ）　$\mathrm{Ker}\, D=\mathbb{R}$.　　したがって D は単射ではない．

ハ）　$\mathrm{Im}\, D$ は $\mathcal{E}$ の元で原始関数が存在するもの全体と一致する．$f\in\mathcal{E}$ に対して

$$g(x)=\int_a^x f(t)dt$$

と定めると

$$D(g)=f$$

したがって D は全射である．

ニ）　$\overbrace{D\circ D\circ\cdots\circ D}^{n\text{ 個}}=D^n$ は

$$D^n(f)=\frac{d^n f}{dx^n}=f^{(n)}=f\text{ の } n\text{ 階導関数}$$

なる，$\mathcal{E}$ から $\mathcal{E}$ への線型写像と一致する．

ホ）　$\mathrm{Ker}\, D^n$=次数が $n-1$ 次以下の多項式全体.

ヘ）　$\mathrm{Im}\, D^n=\mathcal{E}$.

③　$L:\mathcal{E}\longrightarrow\mathcal{E}$, $f_n\in\mathcal{E}$, $0\leqq n\leqq m$ に対して

$$L(f)=\sum_{n=0}^{m} f_n\cdot D^n(f)$$

（ただし $f_0\cdot D^0(f)=f_0\cdot f$）と定める．次のことを示せ．

イ）　L は $\mathcal{E}$ から $\mathcal{E}$ への線型写像である．

ロ）　$\mathrm{Ker}\, L$ は

$$\sum_{n=0}^{m} f_n(x)\frac{d^n f}{dx^n}(x)=0$$

なる微分方程式の解である．

ハ）　$g\in\mathcal{E}$ に対して $f_0\in\mathcal{E}$ が存在して

$$L(f_0)=g$$

とする．このとき

$$L(f) = g$$

なる $\mathcal{E}$ の元 f は，$\mathrm{Ker}\, L$ の適当な元 f_1 をとって

$$f = f_0 + f_1$$

と表わすことができる．

④　微分方程式

$$L(f) = \frac{d^2 f}{dx^2} + c^2 f = 0, \qquad c \in \mathbb{R}$$

を考える．

イ）　$f(x) = \sin cx$,　$f(x) = \cos cx$ はこの方程式の解である．したがって $\alpha \sin cx + \beta \cos cx$, $\alpha, \beta \in \mathbb{R}$ も解である．

ロ）　$L(f) = 0$ の解はすべて

$$\alpha \sin cx + \beta \cos cx, \qquad \alpha, \beta \in \mathbb{R}$$

となることが知られている．このことを利用して $g \in \mathcal{E}$ に対して

$$\frac{d^2 f}{dx^2} + c^2 f = x^2$$

の解をすべて求めよ．（ヒント．③ハ）を使え．）

[2]　$\mathcal{E}$ は[1]と同様とする．

$$\delta^{(n)} : \mathcal{E} \longrightarrow \mathbb{R} \quad を \quad \delta^{(n)}(f) = f^{(n)}(0)$$

と定める．また $\delta^{(0)}$ のことを δ と書くことにする．ここで $f^{(0)} = f$ と定義する．次のことを示せ．

①　イ）　$\delta^{(n)}$ は線型写像である．

　　ロ）　$\delta^{(n)}$ は全射である．

②　$x^n : \mathcal{E} \longrightarrow \mathcal{E}$ を $x^n(f) = x^n \cdot f$ と定める．

　　イ）　x^n は線型写像である．

　　ロ）　x^n は単射である．

ハ)　$\mathrm{Im}\, x^n = F_n = \{f \in \mathcal{E} \mid f(0) = f'(0) = \cdots = f^{(n-1)}(0) = 0\}$

ヒント　$f(0)=0$ のとき，置換積分を使って

$f(x) = x\int_0^1 f'(tx)dt$ を示せ．

$$g(x) = \int_0^1 f(tx)dt$$

とおくと $g \in \mathcal{E}$ である．0 から 1 までの積分であることと，$f \in \mathcal{E}$ であることから，

$$\frac{d^n g}{dx^n}(x) = \int_0^1 \left(\frac{d^n}{dx^n} f(tx) \right) dt$$

であることが知られている．

注意　δ は量子力学に現れるディラックのデルタ関数．$\delta^{(n)}$ は δ の n 階微分を数学的に解釈したものの一つである．

[3]　$a_{n+2} = a_{n+1} + a_n$, $n \geqq 0$, $a_0 = \alpha, a_1 = \beta$ なる数列を考える．$T : \mathbb{R}^2 \longrightarrow \mathbb{R}^2$ を $T((a, b)) = (a+b, a)$ と定めるとき，次のことを示せ．

①　T は線型写像である．

②　$\mathrm{Ker}\, T = \{(0, 0)\}$, $\mathrm{Im}\, T = R^2$，したがって T は同型写像．

③　$T^n = \overbrace{T \circ T \circ \cdots \circ T}^{n\text{ 個}}$ は $\mathbb{R}^2$ から $\mathbb{R}^2$ への同型写像．

④　$(a_{n+2}, a_{n+1}) = T((a_{n+1}, a_n)) = T^{n+1}((\beta, \alpha))$，$n \geqq 0$ を定めたとき，任意の実数 a, b に対して

$$a_{n+1} = a, \qquad a_{n+2} = b$$

となる α, β は必ず存在する．

6　ベクトルの一次独立と一次従属

この章ではベクトル空間で重要なベクトルの一次独立について述べる．一次独立の考え方は次章の体の拡大の理論で大切な役割をする．

問題 1　a, b, c, d が有理数で

$$a+\sqrt{2}b+\sqrt{3}c+\sqrt{6}d = 0$$

となるのは，$a=b=c=d=0$ のときに限ることを証明せよ．　（'69　一橋大）

この問題は，

$$\sqrt{2} = \frac{-(a+\sqrt{3}c)}{b+\sqrt{3}d}$$

と変形すれば容易に解くことができる（コラム 6-1 参照）．

しかし，たとえば

$$\sqrt{6}d = -(a+\sqrt{2}b+\sqrt{3}c)$$

と変形して，両辺を 2 乗してみたところで，決して解くことはできない．なぜか．この事情をくわしく説明することを一つの目標として，いささか大がかりではあったが，環，体の定義から説明してきた．今回はその準備として最後の，そして最も重要なものである．

前章までと同じように $\boldsymbol{F}$ を体とし，$\boldsymbol{V}$ を体 $\boldsymbol{F}$ 上のベクトル空間とする．

コラム 6-1　問題 1 の初等的解法

$b+\sqrt{3}d \neq 0$ とすると

$$\sqrt{2}=\frac{-(a+\sqrt{3}c)}{b+\sqrt{3}d}$$

が成り立つ．右辺の分母を有理化すると

$$\sqrt{2}=\frac{-(a+\sqrt{3}c)(b-\sqrt{3}d)}{b^2-3d^2}=\frac{(3cd-ab)+\sqrt{3}(ad-bc)}{b^2-3d^2}$$

となる．

$$\alpha=\frac{3cd-ab}{b^2-3d^2}, \qquad \beta=\frac{ad-bc}{b^2-3d^2}$$

とおくと α, β は有理数で

$$\sqrt{2}=\alpha+\sqrt{3}\beta.$$

この両辺を 2 乗すると

$$2=\alpha^2+3\beta^2+2\alpha\beta\sqrt{3}.$$

$\sqrt{3}$ は無理数であるので $\alpha\beta=0$ でなければならない．もし $\beta=0$ とすると $\sqrt{2}=\alpha$．これは $\sqrt{2}$ が有理数であることを意味し矛盾．したがって $\beta\neq 0$ でなければならず，$\alpha=0$．すると

$$2=3\beta^2.$$

よって $\beta^2=\dfrac{2}{3}$．これは $\sqrt{\dfrac{2}{3}}=\dfrac{\sqrt{6}}{3}$ が有理数であることを意味し矛盾．

したがって $b+\sqrt{3}d\neq 0$ と仮定したことが間違っていた．よって

$$b+\sqrt{3}d=0$$

が成り立ち，$\sqrt{3}$ は無理数であるので $b=d=0$ でなければならない．このとき

$$a+\sqrt{3}c=0$$

が成り立つが，$\sqrt{3}$ が無理数であるので再び $a=c=0$ でなければならない．

定義 1　体 $\boldsymbol{F}$ 上のベクトル空間 $\boldsymbol{V}$ の元 $\boldsymbol{x}_1, \boldsymbol{x}_2, \cdots, \boldsymbol{x}_n$ に対して，

$$a_1 \cdot \boldsymbol{x}_1 + a_2 \cdot \boldsymbol{x}_2 + \cdots + a_n \cdot \boldsymbol{x}_n = \boldsymbol{0}, \qquad a_1, a_2, \cdots, a_n \in \boldsymbol{F}$$

ならば，つねに

$$a_1 = a_2 = \cdots = a_n = 0$$

となるとき，$\boldsymbol{x}_1, \boldsymbol{x}_2, \cdots, \boldsymbol{x}_n$ は体 $\boldsymbol{F}$ 上**一次独立**という．$\boldsymbol{F}$ がわかっているときは，単に一次独立という．

定義 2　$\boldsymbol{V}$ の元 $\boldsymbol{x}_1, \boldsymbol{x}_2, \cdots, \boldsymbol{x}_n$ が体 $\boldsymbol{F}$ 上一次独立でないとき，体 $\boldsymbol{F}$ 上**一次従属**という．$\boldsymbol{F}$ がわかっているときは単に一次従属という．

このように，天下りに定義されても，なんのことだかわけがわからない読者が多いであろう．しかし，以下に見ていくように，一次独立，一次従属という言葉は知らないが，その内容は実は，よく使っているのである．

問題 2

$$\mathbb{Q}(i) = \{a+bi \mid a, b \in \mathbb{Q}\}$$

は体である(第 4 章，問題 6)．このとき，次のことを示せ．

① $\mathbb{Q}(i)$ は $\mathbb{Q}$ 上のベクトル空間である．

② $\mathbb{Q}(i)$ の 2 元 $1, i$ は，$\mathbb{Q}$ 上一次独立である．

③ $\mathbb{Q}(i)$ の 2 元 $i, \dfrac{4}{5}i$ は，$\mathbb{Q}$ 上一次従属である．

④ $\mathbb{Q}(i)$ の 2 元 $\alpha=a+bi$, $\beta=c+di$ が，$\mathbb{Q}$ 上一次独立であるための必要十分条件は，

$$ad-bc \neq 0.$$

⑤ $\mathbb{Q}(i)$ の 2 元 $\alpha=a+bi$, $\beta=c+di$ が，$\mathbb{Q}$ 上一次従属であるための必要十分条件は

$$ad-bc=0.$$

解答　①　ベクトル空間の定義Ⅰ, Ⅱのうち，Ⅰは $\mathbb{Q}(i)$ が体であることより自明.

Ⅱは $\mathbb{Q}$ の元 m と $\mathbb{Q}(i)$ の元 $\alpha=a+bi$ との積が

$$m\cdot\alpha=ma+mbi$$

で与えられることよりすぐわかる.

②　①の 2 元 a,b によって

$$a+bi=0$$

となったとする．i は虚数単位であるから，これより

$$a=b=0$$

でなければならない．定義より $1,i$ は一次独立.

③

$$\left(-\frac{4}{5}\right)i+\frac{4}{5}i=0.$$

よって $a=-\dfrac{4}{5}, b=1$ とすると

$$a\cdot i+b\cdot\left(\frac{4}{5}i\right)=0.$$

よって $i, \dfrac{4}{5}i$ は一次独立でない．よって一次従属.

④　$\mathbb{Q}$ の 2 元 m,n によって

$$m\alpha+n\beta=0$$

になったとする．これを i を使って書きかえると

$$(ma+nc)+(mb+nd)i=0.$$

したがって

$$\left.\begin{aligned} ma+nc &= 0 \\ mb+nd &= 0 \end{aligned}\right\} \qquad (*)$$

と $m\alpha+n\beta=0$ とが同値となる．α, β が一次独立であることは，したがって，m, n を未知数とする連立一次方程式$(*)$が，$m=n=0$ 以外の解を持たないことと同値である．この最後の条件は

$$ad-bc \neq 0$$

と同値である．

⑤　④より明らか．

問題３　体 $\boldsymbol{F}$ に対して

$$\boldsymbol{F}^n = \{(a_1, a_2, \cdots, a_n) \mid a_i \in \boldsymbol{F},\ 1 \leqq i \leqq n\}$$

は $\boldsymbol{F}$ 上のベクトル空間である(第５章，問題１)．

次のことを示せ．

①　$\boldsymbol{e}_i=(0, \cdots, 0, \overset{i}{\breve{1}}, 0, \cdots, 0)$ を i 番目のみが１で，他のところはすべて０である $\boldsymbol{F}^n$ の元とすると，$\boldsymbol{e}_1, \boldsymbol{e}_2, \cdots, \boldsymbol{e}_n$ は一次独立である．

②　$\boldsymbol{F}^n$ の任意の元 $\boldsymbol{x}$ は上の $\boldsymbol{e}_1, \boldsymbol{e}_2, \cdots, \boldsymbol{e}_n$ を用いて，

$$\boldsymbol{x} = a_1 \cdot \boldsymbol{e}_1 + a_2 \cdot \boldsymbol{e}_2 + \cdots + a_n \cdot \boldsymbol{e}_n, \qquad a_1, \cdots, a_n \in \boldsymbol{F}$$

と表わすことができる．このとき，$a_1, a_2, \cdots, a_n$ は $\boldsymbol{x}$ によって一意に定まる．

③　$\boldsymbol{F}^n$ の２元 $\boldsymbol{x}=(a_1, \cdots, a_n)$，$\boldsymbol{y}=(b_1, \cdots, b_n)$ に対して，

$$a_i b_j - a_j b_i \neq 0$$

となる $i, j\ (i \neq j)$ が存在するとする．このとき $\boldsymbol{x}, \boldsymbol{y}$ は一次独立である．

解答　①　$\boldsymbol{F}$ の元 $a_1, a_2, \cdots, a_n$ によって

$$a_1 \cdot \boldsymbol{e}_1 + a_2 \cdot \boldsymbol{e}_2 + \cdots + a_n \cdot \boldsymbol{e}_n = \boldsymbol{0}$$

とすると，$\boldsymbol{e}_1, \cdots, \boldsymbol{e}_n$ の定義より

$$(a_1, a_2, \cdots, a_n) = \boldsymbol{0}.$$

これと零ベクトル $\boldsymbol{0}$ の定義より

$$a_1 = a_2 = \cdots = a_n = 0.$$

したがって $\boldsymbol{e}_1, \boldsymbol{e}_2, \cdots, \boldsymbol{e}_n$ は一次独立.

②　$\boldsymbol{x} = (a_1, a_2, \cdots, a_n)$ とすると

$$\boldsymbol{x} = a_1 \cdot \boldsymbol{e}_1 + a_2 \cdot \boldsymbol{e}_2 + \cdots + a_n \cdot \boldsymbol{e}_n$$

と書ける．また $b_1, \cdots, b_n \in \boldsymbol{F}$ によって

$$\boldsymbol{x} = b_1 \cdot \boldsymbol{e}_1 + b_2 \cdot \boldsymbol{e}_2 + \cdots + b_n \cdot \boldsymbol{e}_n$$

と書けたとすると

$$a_1 \cdot \boldsymbol{e}_1 + a_2 \cdot \boldsymbol{e}_2 + \cdots + a_n \cdot \boldsymbol{e}_n = b_1 \cdot \boldsymbol{e}_1 + b_2 \cdot \boldsymbol{e}_2 + \cdots + b_n \cdot \boldsymbol{e}_n$$

より，

$$(a_1 - b_1) \cdot \boldsymbol{e}_1 + (a_2 - b_2) \cdot \boldsymbol{e}_2 + \cdots + (a_n - b_n) \cdot \boldsymbol{e}_n = \boldsymbol{0}.$$

①より $\boldsymbol{e}_1, \boldsymbol{e}_2, \cdots, \boldsymbol{e}_n$ は一次独立だから

$$a_1 = b_1, \quad a_2 = b_2, \quad \cdots, \quad a_n = b_n.$$

③　$\boldsymbol{F}$ の 2 元 l, m によって

$$l \cdot \boldsymbol{x} + m \cdot \boldsymbol{y} = \boldsymbol{0}$$

となったとする．

$$l\cdot\boldsymbol{x}+m\cdot\boldsymbol{y}=(la_1,\cdots,la_n)+(mb_1,\cdots,mb_n)$$
$$=(la_1+mb_1,\cdots,la_n+mb_n)=\mathbf{0}.$$

したがって $l\cdot\boldsymbol{x}+m\cdot\boldsymbol{y}=\mathbf{0}$ は

$$la_1+mb_1=0,\quad la_2+mb_2=0,\quad \cdots,\quad la_n+mb_n=0$$

と同値.

特に $la_i+mb_i=0$, $la_j+mb_j=0$ であり，かつ仮定より

$$a_ib_j-a_jb_i\neq 0.$$

したがって

$$l=m=0.$$

よって $\boldsymbol{x},\boldsymbol{y}$ は一次独立である.

さて，高校で習う平面上の幾何ベクトルを考えてみよう.

任意のベクトルは，x 軸方向の単位ベクトル $\boldsymbol{e}_1$ と，y 軸方向の単位ベクトル $\boldsymbol{e}_2$ によって，問題 3 の②のように

$a\boldsymbol{e}_1+b\boldsymbol{e}_2$

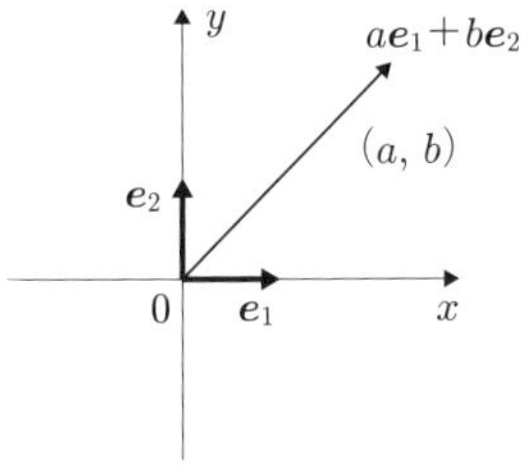

と一意に表わされる．この事実は，$\boldsymbol{e}_1,\boldsymbol{e}_2$ が一次独立なベクトルであることを表わしており，また平面上のベクトルでは，一次独立なものは最大限 2 個しかないことを表わしているのである．これは平面が 2 次元であることと密接な関係をもっている．空間でベクトルを考えれば x 軸，y 軸，z 軸方向に 3 本の一次独立なベクトルがあり，その 3 本のベクトルによって，すべてのベク

トルは問題3の②のように表わされる．この事実に示唆されてベクトル空間の次元を次のように定める．

定義3　$\boldsymbol{V}$ を体 $\boldsymbol{F}$ 上のベクトル空間とする．負でない整数 n が存在して，$\boldsymbol{V}$ の n 個のベクトル

$$\boldsymbol{x}_1,\ \boldsymbol{x}_2,\ \cdots,\ \boldsymbol{x}_n$$

は一次独立であるが，$\boldsymbol{V}$ の任意のベクトル $\boldsymbol{x}$ に対して

$$\boldsymbol{x},\ \boldsymbol{x}_1,\ \boldsymbol{x}_2,\ \cdots,\ \boldsymbol{x}_n$$

はつねに一次従属であるとき，$\boldsymbol{V}$ の $\boldsymbol{F}$ 上の**次元**は有限であり，その次元は n であるといい，$\dim_{\boldsymbol{F}} \boldsymbol{V}=n$ と書く．また $\boldsymbol{V}$ を $\boldsymbol{F}$ 上の n 次元ベクトル空間という．

$\boldsymbol{V}$ の次元が有限でないとき，$\boldsymbol{V}$ は無限次元ベクトル空間であるという．

問題4　$\boldsymbol{V}$ を体 $\boldsymbol{F}$ 上の n 次元ベクトル空間とする．次のことを示せ．

①　$\boldsymbol{x}_1, \boldsymbol{x}_2, \cdots, \boldsymbol{x}_n$ を $\boldsymbol{V}$ の一次独立な n 個のベクトルとするとき，$\boldsymbol{V}$ の任意のベクトル $\boldsymbol{x}$ は

$$\boldsymbol{x} = a_1 \cdot \boldsymbol{x}_1 + a_2 \cdot \boldsymbol{x}_2 + \cdots + a_n \cdot \boldsymbol{x}_n, \qquad a_1, a_2, \cdots, a_n \in \boldsymbol{F}$$

と一意に表わすことができる．

②　逆に $\boldsymbol{V}$ の n 個のベクトル $\boldsymbol{x}_1, \boldsymbol{x}_2, \cdots, \boldsymbol{x}_n$ が存在して，$\boldsymbol{V}$ の任意のベクトル $\boldsymbol{x}$ に対して，

$$\boldsymbol{x} = a_1 \cdot \boldsymbol{x}_1 + a_2 \cdot \boldsymbol{x}_2 + \cdots + a_n \cdot \boldsymbol{x}_n, \qquad a_1, a_2, \cdots, a_n \in \boldsymbol{F}$$

と一意に表わすことができれば，$\boldsymbol{V}$ の次元は n である．

解答　①　$n=\dim_{\boldsymbol{F}} \boldsymbol{V}$ より，$\boldsymbol{x}$ を $\boldsymbol{V}$ の任意のベクトルとするとき，$\boldsymbol{x}, \boldsymbol{x}_1, \boldsymbol{x}_2, \cdots, \boldsymbol{x}_n$ は一次従属である．したがって，すべてが0となることはない $n+1$ 個の $\boldsymbol{F}$ の元 $b_0, b_1, b_2, \cdots, b_n$ が存在して

$$b_0\boldsymbol{x}+b_1\boldsymbol{x}_1+\cdots+b_n\boldsymbol{x}_n=\mathbf{0}$$

となる．さて $b_0\neq 0$ である．

なぜならば，もし $b_0=0$ とすると

$$b_1\boldsymbol{x}_1+\cdots+b_n\boldsymbol{x}_n=\mathbf{0}$$

$$\boldsymbol{x}_1,\cdots,\boldsymbol{x}_n \text{ は一次独立だから} \quad b_1=b_2=\cdots=b_n=0.$$

よって $b_0=b_1=\cdots=b_n=0$，これは仮定に反する．

したがって $\dfrac{1}{b_0}$ を両辺にかけることによって

$$\boldsymbol{x}=-\left(\frac{b_1}{b_0}\cdot\boldsymbol{x}_1+\cdots+\frac{b_n}{b_0}\cdot\boldsymbol{x}_n\right).$$

よって $a_i=-\dfrac{b_i}{b_0}$ とすればよい．またほかに

$$\boldsymbol{x}=a_1'\cdot\boldsymbol{x}_1+\cdots+a_n'\cdot\boldsymbol{x}_n$$

と書けたとすると，問題 3②の証明と同様にして

$$(a_1-a_1')\cdot\boldsymbol{x}_1+\cdots+(a_n-a_n')\cdot\boldsymbol{x}_n=\mathbf{0}$$

と，$\boldsymbol{x}_1,\cdots,\boldsymbol{x}_n$ が一次独立であることより

$$a_1=a_1',\quad a_2=a_2',\quad \cdots,\quad a_n=a_n'.$$

② まず $\boldsymbol{x}_1,\cdots,\boldsymbol{x}_n$ が一次独立であることを示す．

$$\mathbf{0}=a_1\cdot\boldsymbol{x}_1+\cdots+a_n\cdot\boldsymbol{x}_n,\qquad a_1,\cdots,a_n\in\boldsymbol{F}$$

とする．一方

$$\mathbf{0}=0\cdot\boldsymbol{x}_1+\cdots+0\cdot\boldsymbol{x}_n.$$

もちろん，いつものように右辺の 0 は $\boldsymbol{F}$ の零元，左辺の $\mathbf{0}$ は零ベクトルである．

仮定より，$\boldsymbol{V}$ の任意の元を $\boldsymbol{x}_1,\cdots,\boldsymbol{x}_n$ を使って表現する方法は一意であるから，最初の $a_1,\cdots,a_n$ は

$$a_1 = \cdots = a_n = 0$$

でなければならない．よって $\boldsymbol{x}_1, \cdots, \boldsymbol{x}_n$ は一次独立．

$\boldsymbol{x}$ を $\boldsymbol{V}$ の任意の元とする．$\boldsymbol{F}$ の元 $a_1, a_2, \cdots, a_n$ が存在して

$$\boldsymbol{x} = a_1 \cdot \boldsymbol{x}_1 + a_2 \cdot \boldsymbol{x}_2 + \cdots + a_n \cdot \boldsymbol{x}_n$$

と書くことができる．したがって $a_0 = -1$ とおけば

$$a_0 \cdot \boldsymbol{x} + a_1 \cdot \boldsymbol{x}_1 + a_2 \cdot \boldsymbol{x}_2 + \cdots + a_n \cdot \boldsymbol{x}_n = \boldsymbol{0}$$

となり，$a_0 \neq 0$ だから $\boldsymbol{x}, \boldsymbol{x}_1, \cdots, \boldsymbol{x}_n$ は一次従属．

問題 4 の $\boldsymbol{x}_1, \cdots, \boldsymbol{x}_n$ のことをベクトル空間の**底**または**基底**という．問題 2 では $\mathbb{Q}(i)$ を $\mathbb{Q}$ 上のベクトル空間と考えたとき，$1, i$ が底となっている．また

$$\alpha = a + bi, \qquad \beta = c + di, \qquad ad - bc \neq 0$$

なる，α, β も底を与えている．このように，底は一意には定まらない．また問題 3 の $\boldsymbol{F}^n$ では，問題 4②と問題 3②より $\boldsymbol{e}_1, \boldsymbol{e}_2, \cdots, \boldsymbol{e}_n$ が底となっている．このほかにも $\boldsymbol{F}^n$ の底は種々に選ぶことができる．たとえば

$$\boldsymbol{e} = (1, 1, 1, \cdots, 1)$$

とすれば，$\boldsymbol{e}, \boldsymbol{e}_2, \boldsymbol{e}_3, \cdots, \boldsymbol{e}_n$ も $\boldsymbol{F}^n$ の底になる．底のとり方が，どれほど自由なのかは，後に述べよう．

また $\boldsymbol{M}(m, n)$（第 5 章，問題 2）の底としては

$\boldsymbol{e}_{ij} = (i, j)$ 成分のみが 1 で他の成分はすべて 0 である，m 行 n 列の行列 E_{ij}

を選ぶことができる．したがって $\boldsymbol{M}(m, n)$ の次元は mn である．このことの証明は問題 3②と同様にできるから，読者にまかせよう．

次に有限次元とはならないベクトル空間を，いくつか見てみよう．

問題5

① $\mathcal{E}$ を実数上の実数値関数で，任意の階数微分可能なもの全体とする（→第5章，演習問題[1]）．$\mathcal{E}$ は $\mathbb{R}$ 上のベクトル空間である．次のことを示せ．

イ） $\sin nx \in \mathcal{E}$, $\quad n=1,2,3,\cdots$

であるが，これらのうち任意の有限個は一次独立．

ロ） $\cos nx \in \mathcal{E}$, $\quad n=1,2,3,\cdots$

に対してもイ)と同様のことがいえる．

これより $\mathcal{E}$ は $\mathbb{R}$ 上無限次元ベクトル空間である．

② $\boldsymbol{F}^{\infty}=\{(a_1,a_2,\cdots,a_i,\cdots)|a_i\in\boldsymbol{F},\ i=1,2,\cdots\}$ は体 $\boldsymbol{F}$ 上のベクトル空間である（→第5章，問題3）．このとき

$$\boldsymbol{e}_i = (0,\cdots,0,\overset{i}{\smile}{1},0,\cdots,0,\cdots)$$

i 番目だけ1，他は0

とすると，任意の自然数 N に対して $\boldsymbol{e}_1,\boldsymbol{e}_2,\cdots,\boldsymbol{e}_N$ は一次独立であることを示せ．

解答 ① イ） $n_1,n_2,\cdots,n_l$ を相異なる自然数とするとき，$\sin n_1x$, $\sin n_2x,\cdots,\sin n_lx$ が $\mathbb{R}$ 上一次独立であることをいう．

$$a_1\sin n_1x+a_2\sin n_2x+\cdots+a_l\sin n_lx=0, \qquad (*)$$
$$a_1,a_2,\cdots,a_l\in\mathbb{R}$$

とする．

さてよく知られているように

$$\int_{-\pi}^{\pi}\sin mx\sin nx dx=\begin{cases}0 & (m\neq n)\\ \pi & (m=n\neq 0)\end{cases}$$

したがって(*)の両辺に $\sin n_ix$ をかけて $-\pi$ から π まで積分すると

$$a_i\pi = 0 \qquad \therefore \quad a_i = 0$$

よって

$$a_1 = a_2 = \cdots = a_n = 0$$

ロ)

$$\int_{-\pi}^{\pi} \cos mx \cos nx dx = \begin{cases} 0 & (m \neq n) \\ \pi & (m = n \neq 0) \end{cases}$$

を使えば，イ)と同様.

② 問題3①と同様.

無限次元ベクトル空間は，有限次元ベクトル空間より複雑であり，ベクトル空間としてだけではなく，その上に種々の制限をつけて考察しやすくする．問題5にでてきた$\mathcal{E}$は，解析で使う重要な空間である．さて，以下有限次元ベクトル空間のみを考察することにしよう．

問題6

① $\boldsymbol{V}$を体$\boldsymbol{F}$上のn次元ベクトル空間とする．$\boldsymbol{x}_1, \cdots, \boldsymbol{x}_n$を$\boldsymbol{V}$の底とする．$\boldsymbol{V}$から$\boldsymbol{F}^n$への写像$\varphi$を$\boldsymbol{V}$の元$\boldsymbol{x}$に対して

$$\boldsymbol{x} = a_1 \cdot \boldsymbol{x}_1 + a_2 \cdot \boldsymbol{x}_2 + \cdots + a_n \cdot \boldsymbol{x}_n$$

とするとき

$$\varphi(\boldsymbol{x}) = (a_1, a_2, \cdots, a_n)$$

と定める．次のことを示せ．

イ) φは$\boldsymbol{V}$から$\boldsymbol{F}^n$への線型写像である．　（第5章の定義3）

ロ) φは同型写像である．　（第5章の定義4）

② $\boldsymbol{V}, \boldsymbol{W}$をともに体$\boldsymbol{F}$上の$n$次元ベクトル空間とすると，$\boldsymbol{V}$と$\boldsymbol{W}$

はベクトル空間として同型であることを示せ.

解答 ① イ) $\alpha, \beta \in \boldsymbol{F}$, $\boldsymbol{x}, \boldsymbol{y} \in \boldsymbol{V}$ とするとき

$$\varphi(\alpha \cdot \boldsymbol{x} + \beta \cdot \boldsymbol{y}) = \alpha \cdot \varphi(\boldsymbol{x}) + \beta \cdot \varphi(\boldsymbol{y})$$

をいえばよい(→第5章, 問題5③).

$$\boldsymbol{x} = a_1 \cdot \boldsymbol{x}_1 + a_2 \cdot \boldsymbol{x}_2 + \cdots + a_n \cdot \boldsymbol{x}_n, \qquad a_1, \cdots, a_n \in \boldsymbol{F}$$

$$\boldsymbol{y} = b_1 \cdot \boldsymbol{x}_1 + b_2 \cdot \boldsymbol{x}_2 + \cdots + b_n \cdot \boldsymbol{x}_n, \qquad b_1, \cdots, b_n \in \boldsymbol{F}$$

とすると

$$\alpha \cdot \boldsymbol{x} + \beta \cdot \boldsymbol{y} = (\alpha a_1 + \beta b_1) \cdot \boldsymbol{x}_1 + (\alpha a_2 + \beta b_2) \cdot \boldsymbol{x}_2 + \cdots + (\alpha a_n + \beta b_n) \cdot \boldsymbol{x}_n$$

$$\begin{aligned} \varphi(\alpha \cdot \boldsymbol{x} + \beta \cdot \boldsymbol{y}) &= (\alpha a_1 + \beta b_1, \alpha a_2 + \beta b_2, \cdots, \alpha a_n + \beta b_n) \\ &= (\alpha a_1, \alpha a_2, \cdots, \alpha a_n) + (\beta b_1, \beta b_2, \cdots, \beta b_n) \\ &= \alpha \cdot (a_1, a_2, \cdots, a_n) + \beta \cdot (b_1, b_2, \cdots, b_n) \\ &= \alpha \cdot \varphi(\boldsymbol{x}) + \beta \cdot \varphi(\boldsymbol{y}). \end{aligned}$$

ロ) 1) φ は単射である.

$\varphi(\boldsymbol{x}) = \boldsymbol{0}$ とする.

$$\boldsymbol{x} = a_1 \cdot \boldsymbol{x}_1 + a_2 \cdot \boldsymbol{x}_2 + \cdots + a_n \cdot \boldsymbol{x}_n, \qquad a_1, a_2, \cdots, a_n \in \boldsymbol{F}$$

とすると $\varphi(\boldsymbol{x}) = (a_1, a_2, \cdots, a_n) = \boldsymbol{0}$

$$\therefore \quad a_1 = a_2 = \cdots = a_n = 0 \qquad \therefore \quad \boldsymbol{x} = \boldsymbol{0}$$

2) φ は全射である.

$(a_1, a_2, \cdots, a_n)$ を $\boldsymbol{F}^n$ の任意の元とする.

$$\boldsymbol{x} = a_1 \cdot \boldsymbol{x}_1 + a_2 \cdot \boldsymbol{x}_2 + \cdots + a_n \cdot \boldsymbol{x}_n$$

とおけば

$$\varphi(\boldsymbol{x}) = (a_1, a_2, \cdots, a_n).$$

よって全射.

② $\boldsymbol{V}$ の底を $\boldsymbol{x}_1, \cdots, \boldsymbol{x}_n$，$\boldsymbol{W}$ の底を $\boldsymbol{y}_1, \boldsymbol{y}_2, \cdots, \boldsymbol{y}_n$ とする．$\boldsymbol{V}$ の任意の元

$$\boldsymbol{x} = a_1 \cdot \boldsymbol{x}_1 + a_2 \cdot \boldsymbol{x}_2 + \cdots + a_n \cdot \boldsymbol{x}_n, \qquad a_1, a_2, \cdots, a_n \in \boldsymbol{F}$$

に対して

$$\varphi(\boldsymbol{x}) = a_1 \cdot \boldsymbol{y}_1 + a_2 \cdot \boldsymbol{y}_2 + \cdots + a_n \cdot \boldsymbol{y}_n$$

と定めると，①と同様にして，φ が $\boldsymbol{V}$ から $\boldsymbol{W}$ への同型写像を与えることがわかる．

以上によって，有限次元ベクトル空間は，単にベクトル空間として考えるときは $\boldsymbol{F}^n$ のみを考察すればよいことがわかる．このことが有限次元ベクトル空間の議論を簡明なものにしている．最後に，ベクトル空間の二つの底の間の関係を調べておこう．

まず $n \times n$ 行列の積について簡単に述べておく．

$A = (a_{ij})$，$B = (b_{ij})$ を $n \times n$ 行列とするとき，A と B との積

$$A \cdot B = C$$

を (i, j) 成分 c_{ij} が

$$c_{ij} = \sum_{k=1}^{n} a_{ik} b_{kj}$$

なるものと定める．すでに何度か出てきたが，たとえば

$$
\begin{pmatrix} a_{11} & a_{12} \\ a_{21} & a_{22} \end{pmatrix} \cdot \begin{pmatrix} b_{11} & b_{12} \\ b_{21} & b_{22} \end{pmatrix}
= \begin{pmatrix} a_{11}b_{11}+a_{12}b_{21} & a_{11}b_{12}+a_{12}b_{22} \\ a_{21}b_{11}+a_{22}b_{21} & a_{21}b_{12}+a_{22}b_{22} \end{pmatrix}
$$

となる．一般に $A \cdot B \neq B \cdot A$ であることに注意.

問題 7　$\boldsymbol{V}$ を体 $\boldsymbol{F}$ 上の n 次元ベクトル空間とし，$\boldsymbol{x}_1, \cdots, \boldsymbol{x}_n, \boldsymbol{x}'_1, \cdots, \boldsymbol{x}'_n$ をともに $\boldsymbol{V}$ の底とする．底の性質より

$$
\boldsymbol{x}_i = \sum_{j=1}^{n} a_{ij} \boldsymbol{x}'_j, \qquad a_{ij} \in \boldsymbol{F}, \quad 1 \leqq i \leqq n
$$

$$
\boldsymbol{x}'_i = \sum_{j=1}^{n} b_{ij} \boldsymbol{x}_j, \qquad b_{ij} \in \boldsymbol{F}, \quad 1 \leqq i \leqq n
$$

なる a_{ij}, b_{ij} が一意に定まる．(i, j) 成分を a_{ij}, b_{ij} に持つ行列を A, B とすると

$$
A \cdot B = E_n, \qquad B \cdot A = E_n
$$

となることを示せ．ただし E_n は，$i \neq j$ のとき (i, j) 成分は 0，(i, i) 成分が 1 なる行列．通常，単位行列と呼ばれる．

解答　$A \cdot B = E_n$ とは

$$
\sum_{k=1}^{n} a_{ik} b_{kj} = \begin{cases} 1 & (i = j) \\ 0 & (i \neq j) \end{cases} \tag{$*$}
$$

とおなじことである．

$$
\boldsymbol{x}_i = \sum_{j=1}^{n} a_{ij} \boldsymbol{x}'_j
$$

の右辺に

$$
\boldsymbol{x}'_j = \sum_{k=1}^{n} b_{jk} \boldsymbol{x}_k
$$

を代入すれば，ただちに(∗)の成り立つことがわかる．

$$B \cdot A = E_n$$

もまったく同様にできる．

実は問題7の逆が成り立つ(その方が大切である)．$A=(a_{ij})$ を $n \times n$ 行列とし，

$$A \cdot B = B \cdot A = E_n \qquad (1)$$

なる，$n \times n$ 行列 B が存在するものとする．体 $\boldsymbol{F}$ 上の n 次元ベクトル空間 $\boldsymbol{V}$ の底を $\boldsymbol{x}_1, \boldsymbol{x}_2, \cdots, \boldsymbol{x}_n$ とするとき

$$\boldsymbol{x}_i' = \sum_{j=1}^{n} a_{ij} \boldsymbol{x}_j, \qquad 1 \leqq i \leqq n$$

と $\boldsymbol{x}_1', \boldsymbol{x}_2', \cdots, \boldsymbol{x}_n'$ を定めると，これも $\boldsymbol{V}$ の底になる．(1)で，B は A の逆行列と呼ばれるものである．任意の行列が逆行列を持つわけではなく，たとえば，$n=2$ のときには

$$a_{11}a_{22} - a_{12}a_{21} \neq 0$$

なる行列に限って，逆行列

$$\begin{pmatrix} \dfrac{a_{22}}{a} & -\dfrac{a_{12}}{a} \\ -\dfrac{a_{21}}{a} & \dfrac{a_{11}}{a} \end{pmatrix}, \qquad a = a_{11}a_{22} - a_{12}a_{21}$$

を持つ．問題2の④，⑤をもう一度吟味してみよ．そこでは一次独立になるための条件が

$$ad - bc \neq 0$$

で与えられているが，これがまさしく，$n=2$ のときの問題7の逆になっているのである．$n=3$ のときは，コラム6-2を参照せよ．一般の n のときは，線型代数の予備知識が少し必要なので，逆の証明は割愛する．

コラム

6-2 行列式

2 元連立方程式

$$ax+by=e \qquad (1)$$

$$cx+dy=f \qquad (2)$$

は行列の記号を使うと

$$\begin{pmatrix} a & b \\ c & d \end{pmatrix}\begin{pmatrix} x \\ y \end{pmatrix}=\begin{pmatrix} e \\ f \end{pmatrix}$$

と書くことができる．連立方程式(1), (2)を解くには (1)$\times d-$(2)$\times b$ から

$$(ad-bc)x=ed-bf$$

(2)$\times a-$(1)$\times c$ から

$$(ad-bc)y=af-ec$$

を得るので，$ad-bc\neq 0$ であれば

$$x=\frac{ed-bf}{ad-bc}, \qquad y=\frac{af-ec}{ad-bc} \qquad (3)$$

である．ところで $ad-bc$ は行列 $\begin{pmatrix} a & b \\ c & d \end{pmatrix}$ をたすきがけにして引いたものである．そこで

$$\begin{vmatrix} a & b \\ c & d \end{vmatrix}=ad-bc$$

と**定義**して $\begin{vmatrix} a & b \\ c & d \end{vmatrix}$ を 2 次の行列式と呼ぶ．行列式の記号を使うと連立方程式(1), (2)の解は

$$x=\frac{\begin{vmatrix} e & b \\ f & d \end{vmatrix}}{\begin{vmatrix} a & b \\ c & d \end{vmatrix}}, \qquad y=\frac{\begin{vmatrix} a & e \\ c & f \end{vmatrix}}{\begin{vmatrix} a & b \\ c & d \end{vmatrix}}$$

と極めて美しい形に書くことができる．

同様のことを 3 元連立方程式

$$a_{11}x+a_{12}y+a_{13}z=b_1$$
$$a_{21}x+a_{22}y+a_{23}z=b_2$$
$$a_{31}x+a_{32}y+a_{33}z=b_3$$

に対して適用しようとすると，3 次の行列式

$$D=\begin{vmatrix} a_{11} & a_{12} & a_{13} \\ a_{21} & a_{22} & a_{23} \\ a_{31} & a_{32} & a_{33} \end{vmatrix}$$

を定義する必要がある．これは 3 次対称群 S_3 と 3 次置換の符号(コラム 11-1「対称群」を参照)を使って

$$D=\sum_{\sigma\in S_3}\operatorname{sgn}\sigma\, a_{1\,\sigma(1)}a_{2\,\sigma(2)}a_{3\,\sigma(3)} \tag{4}$$

と定義する．すると上の連立方程式の解は

$$x=\frac{\begin{vmatrix} b_1 & a_{12} & a_{13} \\ b_2 & a_{22} & a_{23} \\ b_3 & a_{32} & a_{33} \end{vmatrix}}{D},\quad y=\frac{\begin{vmatrix} a_{11} & b_1 & a_{13} \\ a_{21} & b_2 & a_{23} \\ a_{31} & b_3 & a_{33} \end{vmatrix}}{D},\quad z=\frac{\begin{vmatrix} a_{11} & a_{12} & b_1 \\ a_{21} & a_{22} & b_2 \\ a_{31} & a_{32} & b_3 \end{vmatrix}}{D}$$

と書き表わすことができる．ところで(4)は下図のように

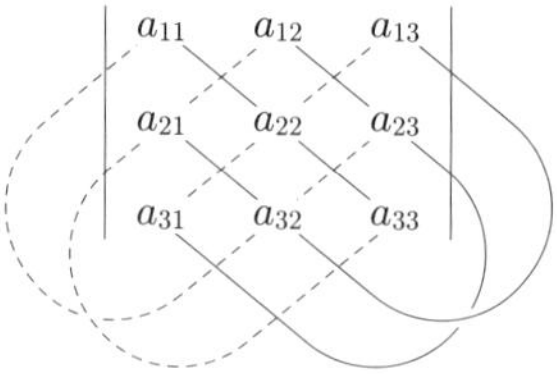

斜めの実線に沿ってかけあわせたもの 3 個と，斜めの破線に沿ってかけあわせたものを -1 倍したもの 3 個を足し合わせたものになっている．

4 次以上の行列式はこのような図を作ることは難しく，コラム 11-1 で述べる $(1,2,\cdots,n)$ の置換 σ の全体がなす n 次対称群 S_n と置換 σ の符号 $\operatorname{sgn}(\sigma)$ を使って

$$\begin{vmatrix} a_{11} & a_{12} & a_{13} & a_{14} \\ a_{21} & a_{22} & a_{23} & a_{24} \\ a_{31} & a_{32} & a_{33} & a_{34} \\ a_{41} & a_{42} & a_{43} & a_{44} \end{vmatrix} = \sum_{\sigma \in S_4} \mathrm{sgn}(\sigma) a_{1\,\sigma(1)} a_{2\,\sigma(2)} a_{3\,\sigma(3)} a_{4\,\sigma(4)}$$

と定義する．一般の n 次の行列式も同様に定義できる．この定義を使うと n 次の行列式の計算は次のようにして $n-1$ 次の行列式の計算に帰着できることがわかる．

$n=3$ の場合はたとえば

$$\begin{vmatrix} a_{11} & a_{12} & a_{13} \\ a_{21} & a_{22} & a_{23} \\ a_{31} & a_{32} & a_{33} \end{vmatrix} = a_{11} \begin{vmatrix} a_{22} & a_{23} \\ a_{32} & a_{33} \end{vmatrix} - a_{12} \begin{vmatrix} a_{21} & a_{23} \\ a_{31} & a_{33} \end{vmatrix}$$

$$+ a_{13} \begin{vmatrix} a_{21} & a_{22} \\ a_{31} & a_{32} \end{vmatrix} \qquad \text{（1 行目に関する展開）}$$

$$= a_{11} \begin{vmatrix} a_{22} & a_{23} \\ a_{32} & a_{33} \end{vmatrix} - a_{21} \begin{vmatrix} a_{12} & a_{13} \\ a_{32} & a_{33} \end{vmatrix}$$

$$+ a_{31} \begin{vmatrix} a_{12} & a_{13} \\ a_{22} & a_{23} \end{vmatrix} \qquad \text{（1 列目に関する展開）}$$

が成り立つ．一般の n に対しても同様の式が成り立つ．

行列式は次の重要な性質を持っている．列に関する線型性が成り立つ．

$$\begin{vmatrix} a_{11} & \cdots & a_{1\,i-1} & \lambda b_1 + \mu c_1 & a_{1\,i+1} & \cdots & a_{1n} \\ a_{21} & & a_{2\,i-1} & \lambda b_2 + \mu c_2 & a_{2\,i+1} & \cdots & a_{2n} \\ \vdots & & \vdots & \vdots & \vdots & & \vdots \\ a_{n1} & & a_{n\,i-1} & \lambda b_n + \mu c_n & a_{n\,i+1} & \cdots & a_{nn} \end{vmatrix}$$

$$= \lambda \begin{vmatrix} a_{11} & \cdots & a_{1\,i-1} & b_1 & a_{1\,i+1} & \cdots & a_{1n} \\ a_{21} & & a_{2\,i-1} & b_2 & a_{2\,i+1} & \cdots & a_{2n} \\ \vdots & & \vdots & \vdots & \vdots & & \vdots \\ a_{n1} & & a_{n\,i-1} & b_n & a_{n\,i+1} & \cdots & a_{nn} \end{vmatrix}$$

$$
+\mu\begin{vmatrix}
a_{11} & \cdots & a_{1\,i-1} & c_1 & a_{1\,i+1} & \cdots & a_{1n} \\
a_{21} & \cdots & a_{2\,i-1} & c_2 & a_{2\,i+1} & \cdots & a_{2n} \\
\vdots & & \vdots & \vdots & \vdots & & \vdots \\
a_{n1} & \cdots & a_{n\,i-1} & c_n & a_{n\,i+1} & \cdots & a_{nn}
\end{vmatrix}
$$

行に対しても同様の線型性が成り立つ.

$$
\begin{vmatrix}
a_{11} & a_{12} & \cdots & a_{1n} \\
\vdots & \vdots & & \vdots \\
a_{j-1\,1} & a_{j-1\,2} & \cdots & a_{j-1\,n} \\
\lambda d_1+\mu e_1 & \lambda d_2+\mu e_2 & \cdots & \lambda d_n+\mu e_n \\
a_{j+1\,1} & a_{j+1\,2} & \cdots & a_{j+1\,n} \\
\vdots & \vdots & & \vdots \\
a_{n1} & a_{n2} & \cdots & a_{nn}
\end{vmatrix} \leftarrow j)
$$

$$
=\lambda\begin{vmatrix}
a_{11} & a_{12} & \cdots & a_{1n} \\
\vdots & \vdots & & \vdots \\
a_{j-1\,1} & a_{j-1\,2} & \cdots & a_{j-1\,n} \\
d_1 & d_2 & & d_n \\
a_{j+1\,1} & a_{j+1\,2} & \cdots & a_{j+1\,n} \\
\vdots & \vdots & & \vdots \\
a_{n1} & a_{n2} & \cdots & a_{nn}
\end{vmatrix}
+\mu\begin{vmatrix}
a_{11} & a_{12} & \cdots & a_{1n} \\
\vdots & \vdots & & \vdots \\
a_{j-1\,1} & a_{j-1\,2} & \cdots & a_{j-1\,n} \\
e_1 & e_2 & \cdots & e_n \\
a_{j+1\,1} & a_{j+1\,2} & \cdots & a_{j+1\,n} \\
\vdots & \vdots & & \vdots \\
a_{n\,1} & b_{n\,2} & \cdots & a_{n\,n}
\end{vmatrix}
$$

列に対する交代性が成り立つ.

$$
\begin{vmatrix}
a_{11} & a_{12} & \cdots & a_{1i} & a_{1\,i+1} & \cdots & a_{1n} \\
a_{21} & a_{22} & \cdots & a_{2i} & a_{2\,i+1} & \cdots & a_{2n} \\
\vdots & \vdots & & \vdots & \vdots & & \vdots \\
a_{n1} & a_{n2} & \cdots & a_{ni} & a_{n\,i+1} & \cdots & a_{nn}
\end{vmatrix}
$$

$$
=-\begin{vmatrix}
a_{11} & a_{12} & \cdots & \overset{i}{\smile}{a_{1\,i+1}} & \overset{i+1}{\smile}{a_{1i}} & a_{1\,i+2} & \cdots & a_{1n} \\
a_{21} & a_{22} & \cdots & a_{2\,i+1} & a_{2i} & a_{2\,i+2} & \cdots & a_{2n} \\
\vdots & \vdots & & \vdots & \vdots & \vdots & & \vdots \\
a_{n1} & a_{n2} & \cdots & a_{n\,i+1} & a_{ni} & a_{n\,i+2} & \cdots & a_{nn}
\end{vmatrix}
$$

行に関しても同様.

これらの性質を使って行列式を計算することができる．また連立方程式(1),(2)の解が(3)で与えられることは

$$\begin{vmatrix} a & b & e \\ a & b & e \\ c & d & f \end{vmatrix} = 0, \qquad \begin{vmatrix} c & d & f \\ a & b & e \\ c & d & f \end{vmatrix} = 0 \tag{5}$$

を1行目で展開することによって示すことができる．(5)が成り立つことは1行目と2行目を入れかえると行列式の符号がかわることからただちに導かれる．

第6章　演習問題

[1]　$\boldsymbol{V}, \boldsymbol{W}$ は体 $\boldsymbol{F}$ 上のベクトル空間とし，それぞれ m 次元，n 次元とする．

$\mathrm{Hom}_{\boldsymbol{F}}(\boldsymbol{V}, \boldsymbol{W})$ で $\boldsymbol{V}$ から $\boldsymbol{W}$ への線型写像全体のつくるベクトル空間とする(第5章，問題9)．

$\boldsymbol{x}_1, \cdots, \boldsymbol{x}_n$ を $\boldsymbol{V}$ の底，$\boldsymbol{y}_1, \cdots, \boldsymbol{y}_n$ を $\boldsymbol{W}$ の底とする．このとき次を示せ．

①　$\boldsymbol{V}$ の任意の元 $\boldsymbol{x}=a_1\cdot\boldsymbol{x}_1+\cdots+a_m\cdot\boldsymbol{x}_m$ に対して

$$\varphi_{ij}(\boldsymbol{x}) = a_i \cdot \boldsymbol{y}_j$$

と定めると

$$\varphi_{ij} \in \mathrm{Hom}_{\boldsymbol{F}}(\boldsymbol{V}, \boldsymbol{W}).$$

②　$\mathrm{Hom}_{\boldsymbol{F}}(\boldsymbol{V}, \boldsymbol{W})$ の任意の元 φ に対して

$$\varphi(\boldsymbol{x}_i) = \sum_{j=1}^{n} a_{ij} \cdot \boldsymbol{y}_j$$

となるとすると，①の φ_{ij} を使って

$$\varphi = \sum_{i=1}^{m} \sum_{j=1}^{n} a_{ij} \varphi_{ij}$$

と，一意に書き表わすことができる．すなわち $\boldsymbol{V}$ の任意の元 $\boldsymbol{x}$ に対して

$$\varphi(\boldsymbol{x}) = \sum_{i=1}^{m} \sum_{j=1}^{n} a_{ij} \varphi_{ij}(\boldsymbol{x})$$

と書ける．

かくして，$\mathrm{Hom}_{\boldsymbol{F}}(\boldsymbol{V}, \boldsymbol{W})$ の底として φ_{ij} をとることができ，$\mathrm{Hom}_{\boldsymbol{F}}(\boldsymbol{V}, \boldsymbol{W})$ は $mn{=}(\dim_{\boldsymbol{F}} \boldsymbol{V}) \times (\dim_{\boldsymbol{F}} \boldsymbol{W})$ 次元ベクトル空間となる．また，$\boldsymbol{V}, \boldsymbol{W}$ の底を定めて φ_{ij} を上のように定めておけば

$$\varphi \longmapsto \begin{pmatrix} a_{11} & \cdots & a_{1n} \\ \vdots & & \\ a_{m1} & \cdots & a_{mn} \end{pmatrix} \in \boldsymbol{M}(m, n)$$

なる写像は，$\mathrm{Hom}_{\boldsymbol{F}}(\boldsymbol{V}, \boldsymbol{W})$ から $\boldsymbol{M}(m, n)$ への同型写像を与える．

7 体の拡大

いままで3章にわたって，環，体の定義から始めて，ともかくもベクトルの一次独立，一次従属の概念に到達した．本章では今まで述べてきたことを，体の拡大の場合に応用してみよう．体の定義については第4章を見て復習してもらうことにして，先へ進むことにする．

まず，体の拡大を定義するときに必要となる部分体の定義から始めよう．一般論を先に述べて次章で具体的な例についてくわしく議論する．

定義 1　$\boldsymbol{K}$ を体とする．$\boldsymbol{K}$ の部分集合 $\boldsymbol{k}$ が $\boldsymbol{K}$ の和＋と積・に関して体になっているとき，$\boldsymbol{k}$ を $\boldsymbol{K}$ の**部分体**という．

問題 1　$\boldsymbol{K}$ を体，$\boldsymbol{k}_1, \boldsymbol{k}_2, \cdots, \boldsymbol{k}_l$ を $\boldsymbol{K}$ の部分体とするとき，$\boldsymbol{k}_1, \boldsymbol{k}_2, \cdots, \boldsymbol{k}_n$ の共通部分も $\boldsymbol{K}$ の部分体であることを示せ．

解答　第4章の定義1，I～III，定義4，a), b)をみたすことをいえばよい．

定義1のI～IIIはすぐわかる．(零元0，単位元1は体 $\boldsymbol{K}$，部分体 $\boldsymbol{k}_1, \cdots, \boldsymbol{k}_l$ のすべてに共通であることに注意せよ．)

定義4のa)はすぐ上の注意より，b)は $\boldsymbol{k}$ を $\boldsymbol{K}$ の部分体とするとき，$\boldsymbol{k}$ の任意の0ではない元 α に対して

$$\alpha x = 1$$

なる $\boldsymbol{K}$ の元 x(これを α の**逆元**といい，α^{-1} と書く)は，再び $\boldsymbol{k}$ に属する

ことより，すぐわかる．

これまでもたびたび有理数体 $\mathbb{Q}$ を考えてきたが $\mathbb{Q}$ の部分体で $\mathbb{Q}$ より小さいものは存在しない．これは有理数の全体，言いかえると分数の全体は整数からつくられていることによる．有理数体と同様の役目を持つ体を次に定義する．

定義 2　体 $\boldsymbol{k}$ が，自分自身より真に小な部分体を持たないとき，$\boldsymbol{k}$ を**素体**という．

問題 2　任意の体 $\boldsymbol{K}$ は，部分体として素体をただ 1 つ含むことを示せ．

解答　体 $\boldsymbol{K}$ のすべての部分体の共通部分は，問題 1 と同様にして体である．この体は明らかに，自分自身より真に小な部分体を持たないから，素体である．

次に $\boldsymbol{K}$ の部分体として素体が $\boldsymbol{k}_1, \boldsymbol{k}_2$ と二つあったとする．問題 1 より共通部分 $\boldsymbol{k}_1 \cap \boldsymbol{k}_2$ も体．これは $\boldsymbol{k}_1, \boldsymbol{k}_2$ の部分体になっている．素体の定義より

$$\boldsymbol{k}_1 \cap \boldsymbol{k}_2 = \boldsymbol{k}_1, \quad \boldsymbol{k}_1 \cap \boldsymbol{k}_2 = \boldsymbol{k}_2 \qquad \therefore \quad \boldsymbol{k}_1 = \boldsymbol{k}_2$$

本論へ進む前に，素体の性質を二，三調べておこう．実は体に含まれる素体によって，その体の性質が大きく変わるのである．（標数 0 と標数 p の違い．たとえば下の問題 4 ③を見よ．標数 0 では，こんな変なことは成り立たない．）体 $\boldsymbol{K}$ に含まれる素体を $\boldsymbol{k}_0$ としよう．$\boldsymbol{k}_0$ は零元 0 と単位元 1 を含んでいる．正整数 n に対して，$n \cdot 1, (-n) \cdot 1$ を

$$n \cdot 1 = \overbrace{1+1+\cdots+1}^{n\text{ 個}}$$

$$(-n)\cdot 1 = -(n\cdot 1) = -(\overbrace{1+1+\cdots+1}^{n\,個}),$$

また，0 に対して

$$0\cdot 1 = 0 \quad (ただし右辺の\ 0\ は体\ \boldsymbol{K}\ の零元)$$

と定める．決め方から，任意の整数 m に対して $m\cdot 1$ も $\boldsymbol{k}_0$ の元である．

また，容易にわかるように

$$n\cdot 1+m\cdot 1 = (n+m)\cdot 1$$

$$(n\cdot 1)\cdot(m\cdot 1) = nm\cdot 1.$$

このとき二つの場合が考えられる．

Ⅰ）　0 ではない整数 n が存在して $n\cdot 1=0$ となる．

Ⅱ）　$n\cdot 1=0$ となるのは $n=0$ のときだけである．

問題３　Ⅰ)の場合，

$$p\cdot 1 = 0$$

となるある素数 p が存在し，かつ，$n\cdot 1=0$ とすれば，n は p の整数倍であり，逆に n が p の倍数であれば $n\cdot 1=0$ であることを示せ．

解答　$n\cdot 1=0$ ならば $(-n)\cdot 1=-(n\cdot 1)=0$．したがって，正整数 n で $n\cdot 1=0$ なるものが存在する．かかる n のうちで最小のものを p とする．もし p が素数でなければ

$$p = p_1p_2, \qquad p_1 \neq 1,\ p_2 \neq 1, \quad p_1, p_2\ 正整数$$

と書くことができて

$$p\cdot 1 = (p_1p_2)\cdot 1 = (p_1\cdot 1)\cdot(p_2\cdot 1) = 0.$$

もし $p_1\cdot 1\neq 0$, $p_2\cdot 1\neq 0$ とすると，

$$
\begin{aligned}
1 &= (p_2\cdot 1)^{-1}\cdot(p_1\cdot 1)^{-1}\cdot(p_1\cdot 1)\cdot(p_2\cdot 1)\\
&= (p_2\cdot 1)^{-1}\cdot(p_1\cdot 1)^{-1}\cdot 0 = 0
\end{aligned}
$$

となって矛盾する．したがって $p_1\cdot 1{=}0$ または $p_2\cdot 1{=}0$．これは p の仮定に矛盾する．よって p は素数．

次に $n\cdot 1{=}0$ であったとする．上と同じ理由によって $n{\geqq}0$ としてよい．

$$
n = l_1p{+}l_2, \qquad 0 \leqq l_2 < p, \quad l_1, l_2 \text{ 整数}
$$

と書くと

$$
0 = n\cdot 1 = (l_1p{+}l_2)\cdot 1 = (l_1p)\cdot 1{+}l_2\cdot 1 = l_2\cdot 1.
$$

したがって $l_2\cdot 1{=}0$．一方，$0{\leqq}l_2{<}p$ より，上の p の仮定から $l_2{=}0$．逆は明らか．

Ｉ)が成り立つ体を**標数 $\boldsymbol{p}$** の体といい，$\boldsymbol{k}_0$ を**標数 $\boldsymbol{p}$ の素体**という．このとき実は

$$
\{0, 1, 2\cdot 1, 3\cdot 1, \cdots, (p{-}1)\cdot 1\}
$$

がすでに体となっており，したがってこれが標数 p の素体 $\boldsymbol{k}_0$ の正体なのである．この $\boldsymbol{k}_0$ はまた，第4章の演習問題[6]に出てきた体とおなじものである．そこでの記号 $C(n)$ にはちょうど $n\cdot 1$ が対応している．標数 p の素体は p 個の元からできており，可換体である．このように有限個の元からなっている体のことを有限体という．また同じく第4章の演習問題[6]により，任意の素数 p に対して標数 p の体の存在することがわかる．標数 p の体はいくぶん病的な著しい性質を持っている．そのために標数 p の体の議論は，一般には少し複雑になる場合が多い．

Ⅱ)の場合は，0ではない整数 n に対して $(n\cdot 1)^{-1}$ が存在する．これを $\dfrac{1}{n}\cdot 1$ と書くことにしよう．また $\dfrac{1}{n}\cdot 1$ を m 個加えたものを $\dfrac{m}{n}\cdot 1$ と書くことにする．

$$\frac{m}{n}\cdot 1 = \overbrace{\frac{1}{n}\cdot 1+\cdots+\frac{1}{n}\cdot 1}^{m\text{ 個}}$$

したがってこれより，任意の有理数 a, b に対して $a\cdot 1, b\cdot 1$ が定義でき，

$$a\cdot 1+b\cdot 1 = (a+b)\cdot 1$$

$$(a\cdot 1)\cdot(b\cdot 1) = ab\cdot 1$$

の成り立つことがわかる．このことより，集合

$$\{a\cdot 1 \mid a \in \mathbb{Q}\}$$

は体をつくることがわかり，素体の定義より

$$\boldsymbol{k}_0 = \{a\cdot 1 \mid a \in \mathbb{Q}\}$$

となる．すなわちII)の場合，素体は有理数体と同じものと考えてよい．有理数体を素体として含んでいる体を**標数0**の体という．複素数体 $\mathbb{C}$，実数体 $\mathbb{R}$，などは標数0の体である．また有理数体 $\mathbb{Q}$ も，もちろん標数0の体である．標数 p と標数0との違いを示す，著しい結果を述べておこう．

問題4

① α を体 $\boldsymbol{K}$ の任意の元とするとき，正整数 n に対して

$$n\alpha = \overbrace{\alpha+\cdots+\alpha}^{n\text{ 個}}$$

$$(-n)\alpha = -(n\cdot\alpha) = -(\overbrace{\alpha+\cdots+\alpha}^{n\text{ 個}})$$

$$0\alpha = 0$$

と定めるとき，任意の整数 l, m に対して，次が成り立つことを示せ．

イ） $l\alpha+m\alpha=(l+m)\alpha$

ロ） $(l\alpha)\cdot(m\alpha)=lm\alpha^2$

ハ） $(l\cdot 1)\cdot\alpha=l\alpha$ 　　ただし，1 は $\boldsymbol{K}$ の単位元

②　体 $\boldsymbol{K}$ は特に標数 p であるとする．l を p の倍数であるとすると，

$$l\alpha = 0$$

となることを示せ．さらに $\alpha \neq 0$ とすれば，逆に

$$l\alpha = 0$$

であれば，l は p の倍数となることを示せ．

③　体 $\boldsymbol{K}$ はさらに標数 p の可換体とする．α, β を $\boldsymbol{K}$ の任意の2元とするとき次が成り立つことを示せ．

$$(\alpha+\beta)^p = \alpha^p + \beta^p, \qquad (\alpha-\beta)^p = \alpha^p - \beta^p.$$

解答　①　定義によって明らか．たとえば，ハ)は

$$(l\cdot 1)\cdot\alpha = (\overbrace{1+\cdots+1}^{l\text{ 個}})\cdot\alpha = \overbrace{1\cdot\alpha+\cdots+1\cdot\alpha}^{l\text{ 個}} = \overbrace{\alpha+\cdots+\alpha}^{l\text{ 個}} = l\alpha.$$

②　①のハ)より

$$l\alpha = (l\cdot 1)\cdot\alpha.$$

一方，問題3より l が p の倍数であれば $l\cdot 1 = 0$ だから

$$l\alpha = 0.$$

逆に，$\alpha \neq 0$ とすれば，α^{-1} が存在するから

$$\begin{aligned} 0 &= 0\cdot\alpha^{-1} = (l\alpha)\cdot\alpha^{-1} = (l\cdot 1)\cdot\alpha\cdot\alpha^{-1} \\ &= (l\cdot 1)\cdot 1 = l\cdot 1. \end{aligned}$$

よって再び問題3により，l は p の倍数．

③　通常の場合と同様に，任意の可換体に対して(標数には関係なく)帰納法によって二項定理

$$(\alpha+\beta)^l = \alpha^l + {}_l\mathrm{C}_1\alpha^{l-1}\beta + \cdots + {}_l\mathrm{C}_{l-1}\alpha\beta^{l-1} + \beta^l$$

が証明できる．(ただし，そこで $\alpha\beta=\beta\alpha$ なることを使う．可換体の仮定をつけたのは，そのためである．コラム 7-1 参照.)

特に $l=p$ のとき

$$ {}_p\mathrm{C}_k = \frac{p(p-1)\cdots(p-k+1)}{1\cdot 2\cdot\cdots\cdot k}, \qquad 1 \leqq k \leqq p-1$$

は，整数であり，かつ $2,\cdots,k$ は p を割りきることはないから，

$$\frac{(p-1)\cdots(p-k+1)}{1\cdot 2\cdot\cdots\cdot k}$$

が整数でなければならない．よって ${}_p\mathrm{C}_k$ は p の倍数．②より

$$ {}_p\mathrm{C}_k\alpha^{p-k}\beta = 0 \qquad \therefore \quad (\alpha+\beta)^p = \alpha^p+\beta^p$$

$(\alpha-\beta)^p=\alpha^p-\beta^p$ も同様に証明できる．

③の性質はきわめて重要なのであるが，ここではこれ以上立ち入らないことにする．(関連した問題については，次章の演習問題[1]を参照せよ.)

さて，いよいよ体の拡大の理論を述べることにしよう．以下出てくる体はすべて可換体(第 4 章，定義 4)とする．もちろん非可換体はそれ自身興味のあるものだが，可換体とはまったく違った方法で研究されている(いわゆる多元環の理論)．それには，さらに多くの予備知識がいるので，残念ながら述べることはできない．

定義３ 体 $\boldsymbol{k}$ が，体 $\boldsymbol{K}$ の部分体のとき，逆に $\boldsymbol{k}$ から $\boldsymbol{K}$ を見ることによって，$\boldsymbol{K}$ のことを $\boldsymbol{k}$ の**拡大体**という．また $\boldsymbol{k}$ から拡大体 $\boldsymbol{K}$ へ移ることを体の**拡大**と呼び，$\boldsymbol{K}/\boldsymbol{k}$ と書く．

体の拡大はちょうど部分体と反対の考え方である．

さて，体の拡大 $\boldsymbol{K}/\boldsymbol{k}$ が与えられたとき，$\boldsymbol{K}$ の任意の部分集合 $\boldsymbol{M}$ に対し

コラム 7-1 二項定理

$$(x+y)^n = \sum_{k=0}^{n} {}_n\mathrm{C}_k x^{n-k} y^k \tag{1}$$

が成り立つ．${}_n\mathrm{C}_k$ は $\begin{pmatrix} n \\ k \end{pmatrix}$ と書かれることが多く，$\begin{pmatrix} n \\ k \end{pmatrix}$ は**二項係数**と呼ばれる．一方，${}_n\mathrm{C}_k$ は n 個のものから順序を無視して k 個取り出した組合せの個数を意味する．

$$(x+y)^n = \underbrace{(x+y)(x+y)\cdots(x+y)}_{n}$$

であるので各 $x+y$ から x か y を取り出してかけ合わせ同類項をまとめたものが展開式(1)と見ることができる．$x^{n-k}y^k$ の係数は n 個の $x+y$ から k 個の y を取り出し，他は x を取り出す仕方の個数であり，それは

$${}_n\mathrm{C}_k = \frac{n(n-1)\cdots(n-k+1)}{k!} = \frac{n!}{k!(n-k)!} \tag{2}$$

に他ならない．また

$${}_n\mathrm{C}_k + {}_n\mathrm{C}_{k-1} = {}_{n+1}\mathrm{C}_k \tag{3}$$

であることは，$n+1$ 個の中から k 個取り出すことは最初の n 個から k 個取り出すか，$k-1$ 個取り出して最後の $n+1$ 個からもう一つ取り出すかのいずれかであるのでこの式が正しいことがわかる．(2)を使って直接(3)を示すことも容易にできる．二項係数は次の図のように並べるとわかりやすい．

							1								
						1		1							$x+y$
					1		2		1						$(x+y)^2$
				1		3		3		1					$(x+y)^3$
			1		4		6		4		1				$(x+y)^4$
		1		5		10		10		5		1			$(x+y)^5$
	1		6		15		20		15		6		1		$(x+y)^6$
1		7		21		35		35		21		7		1	$(x+y)^7$

…………

この図はパスカルの三角形と呼ばれることがあるが，実際には12世紀の中国でこの表が発見されている．それがアラビアに伝わり，さらにヨーロッパへ伝わったと考えられている．

二項係数は種々の面白い性質が知られている．

て，$\boldsymbol{M}$ を含むような体 $\boldsymbol{k}$ の最小の拡大体が存在する．それを $\boldsymbol{k}(\boldsymbol{M})$ と書き，$\boldsymbol{k}$ に $\boldsymbol{M}$ を**付加**してできた体という．$\boldsymbol{k}(\boldsymbol{M})$ の存在は，素体の存在の証明とおなじように，$\boldsymbol{k}$ と $\boldsymbol{M}$ とを含む体($\boldsymbol{K}$ はそのような体の一つである)のすべての共通部分をとればよい．

第4章の問題6〜8で $\mathbb{Q}(i), \mathbb{Q}(\sqrt{D}), \mathbb{Q}(\alpha)$ と書いたのは，実は $\mathbb{Q}$ に $i, \sqrt{D}$, α をそれぞれ付加してできた体の意味だったのである．そのことについては以下で述べよう．

問題5

① $\boldsymbol{K}$ を体 $\boldsymbol{k}$ の拡大体とするとき，$\boldsymbol{K}$ は $\boldsymbol{k}$ 上のベクトル空間であることを示せ．

② $\boldsymbol{K}$ を体 $\boldsymbol{k}$ の拡大体とし，α を $\boldsymbol{K}$ の元とする．$\boldsymbol{k}$ の元を係数とする多項式 $F(X)$(すなわち $F(X)=a_0X^n+a_1X^{n-1}+\cdots+a_n$, $a_i \in \boldsymbol{k}$ となるもの，以下 $\boldsymbol{k}$ 係数の多項式ということが多い．)に対して，$F(\alpha)$ を

$$F(\alpha) = a_0\alpha^n+a_1\alpha^{n-1}+\cdots+a_n$$

と定める．このとき，次の二つの場合が考えられる．

イ) $F(X) \neq 0$ なる多項式が存在して $F(\alpha)=0$.

ロ) $F(X) \neq 0$ なる多項式に対しては $F(\alpha) \neq 0$.

さて，イ)の場合は，$\boldsymbol{k}$ で既約な(すなわちそれ以上因数分解できない)多項式 $G(X)$ が存在して，$G(\alpha)=0$ となり，さらに $F(\alpha)=0$ ならば

$$F(X) = H(X)G(X)$$

となることを示せ．また，かかる $G(X)$ は最高次の係数を1とすれば一意に定まることを示せ．

このG(X)をαの**k**上の**最小多項式**という．αを根に持つ**k**の元を係数とする多項式のうち次数が最小のものだからである．

解答　①　ベクトル空間の公理Ⅰ，Ⅱをチェックすればよい(→第5章，定義1)．

Ⅰ a), b)は**K**が体であることより自明．

c)の零ベクトルは**K**の零元0を，d)の $-x$ は体での $-x$ をとればよい．

Ⅱ a)〜d)は**k**が**K**の部分体であることより明らか．(**k**の単位元1は**K**の単位元でもある．)

②　$F(\alpha)=0$ となる0でない多項式 $F(X)=a_0X^n+a_1X^{n-1}+\cdots+a_n$, $a_0\neq0$ が存在したとする．

$$F_1(X)=a_0^{-1}\cdot F(X)=X^n+a_0{}^{-1}\cdot a_1X^{n-1}+\cdots+a_0^{-1}a_n$$

とおくと

$$F(\alpha)=0\Longleftrightarrow F_1(\alpha)=0.$$

よって，以下多項式の最高次の係数は1のもののみを考える．0ではない多項式F(X)で $F(\alpha)=0$ なるもののうちで，次数が一番低いものを一つ取り出して，G(X)とすると，これが求めるものである．

いま $F(\alpha)=0$ かつ $F(X)\neq0$ とすると，G(X)のとり方より，F(X)の次数はG(X)より低くなることはない．そこでF(X)をG(X)で割ってやって

$$F(X)=H(X)G(X)+F_1(X)$$

($F_1(X)$ の次数は $G(X)$ の次数より小さい)

とする．$X=\alpha$ を代入してやると，

$$F(\alpha)=H(\alpha)G(\alpha)+F_1(\alpha)=0$$

一方，G(X)のつくり方から $G(\alpha)=0$ だから $F_1(\alpha)=0$．また，G(X)は0ではない多項式で，αを代入して0になるもののうち，一番次数が低い

ものであった．$F_1(X)$ は $G(X)$ より次数が低く，かつ $F_1(\alpha)=0$ だから，$F_1(X)=0$ でなければならない．

$G(X)$ の既約性：

$$G(X) = H_1(X)H_2(X)$$
$$(H_1(X), H_2(X) \text{ は定数ではない } \boldsymbol{k} \text{ 係数多項式})$$

とすると，

$$G(\alpha) = H_1(\alpha)H_2(\alpha) = 0$$

より

$$H_1(\alpha) = 0 \quad \text{または} \quad H_2(\alpha) = 0$$

これは $G(X)$ のとり方に矛盾する．

$G(X)$ の一意性：ほかに $G_1(X)$ もおなじ性質を持つとすると，上のことより，$G(X)$ は $G_1(X)$ で割りきれ，一方，$G_1(X)$ は $G(X)$ で割りきれなければならない．したがって $G(X), G_1(X)$ はおなじ次数で，かつ，ともに最高次の係数が 1 であるから

$$G(X) = G_1(X).$$

問題 5 に関連して，拡大体の元について以下のように定義する．

定義４　問題 5 ②イ)が成り立つとき，α は体 $\boldsymbol{k}$ 上**代数的**であるといい，ロ)が成り立つとき，α は体 $\boldsymbol{k}$ 上**超越的**であるという．

「代数的」とは α が代数方程式の根になっているからである．α が $\boldsymbol{k}$ 上代数的であるかないかによって，$\boldsymbol{k}$ に α を付加した体 $\boldsymbol{k}(\alpha)$ の様子がかわってくる．そのことを以下に見ていくことにする．その前に二，三の例をあげる．

問題６

①　i を虚数単位とするとき，

$$a+bi \qquad (a, b \in \mathbb{Q})$$

は $\mathbb{Q}$ 上代数的．$b \neq 0$ ならば問題５の②の最小多項式 $G(X)$ は

$$X^2-2aX+a^2+b^2$$

となることを示せ．$b=0$ ならば，もちろん $G(X)$ は $X-a$ となる．

②　D を平方数ではない自然数とするとき

$$a+b\sqrt{D} \qquad (a, b \in \mathbb{Q})$$

は $\mathbb{Q}$ 上代数的であり，$G(X)$ は $b \neq 0$ のとき

$$X^2-2aX+a^2+b^2D$$

となることを示せ．

解答　①　$b \neq 0$ のとき，$a+bi$，$a-bi$ を根とする２次方程式は

$$X^2-2aX+a^2+b^2=0$$

となる．$a+bi$ は有理数ではないから $\mathbb{Q}$ 係数の一次方程式の根とはならない．したがって問題５の $G(X)$ のつくり方から

$$X^2-2aX+a^2+b^2$$

が求めるものであることは明らか．

②　①と同様．

α が $\boldsymbol{k}$ 上超越的であることは，いいかえてみれば，α が $\boldsymbol{k}$ の元を係数とする多項式の根には決してならないことである．$\boldsymbol{k}=\mathbb{Q}$ の場合，かかる α は**超越**

数と呼ばれている．$\pi, e, 2^{\sqrt{2}}$ などは超越数であることが知られているが，その証明は大変面倒である．

さて上の例で，$\mathbb{Q}(i)$ は $\mathbb{Q}$ 上 2 次元のベクトル空間であり，そのとき $\mathbb{Q}$ 上の底として，たとえば

$$1 \text{ と } a+bi \qquad (\text{ただし } b \neq 0)$$

がとれた(第 6 章，問題 2)．一方，$a+bi$ に対応する $G(X)$ は 2 次式であった．

第 6 章の問題 1 と同様に $\mathbb{Q}(\sqrt{D})$ も $\mathbb{Q}$ 上 2 次元のベクトル空間で，その $\mathbb{Q}$ 上の底は，たとえば，

$$1 \text{ と } a+b\sqrt{D} \qquad (\text{ただし } b \neq 0)$$

で与えられることがわかる(各自証明してみよ)．一方，$a+b\sqrt{D}$ に対応する $G(X)$ の次数は 2 次である．$\mathbb{Q}$ 上のベクトル空間の次元と，$G(X)$ の次数が一致することは単なる偶然ではなく，次のことが成り立つ．

問題 7　α は $\boldsymbol{k}$ 上代数的であるとし，問題 5 ②にいう $G(X)$，すなわち α の $\boldsymbol{k}$ 上の最小多項式の次数を n とする．このとき $\boldsymbol{k}(\alpha)$ は

$$\boldsymbol{k}(\alpha) = \{a_0+a_1\alpha+\cdots+a_{n-1}\alpha^{n-1} \mid a_i \in \boldsymbol{k}\}$$

となり，$\boldsymbol{k}(\alpha)$ の $\boldsymbol{k}$ 上の次元は n であり，$\boldsymbol{k}$ 上の底として $1, \alpha, \alpha^2, \cdots, \alpha^{n-1}$ がとれることを示せ．

解答　第 4 章，問題 8，9 を参照せよ．その証明はほぼそのまま，今の場合に通用する．

$\boldsymbol{k}(\alpha)$ は $\boldsymbol{k}$ と α を含む最小の体であるから，α^k を，したがって $\sum_{k=1}^{l} a_k\alpha^k$，$a_k \in \boldsymbol{k}$ を含んでいなければいけない．一方

$$G(X) = X^n+g_1X^{n-1}+\cdots+g_n, \qquad g_i \in \boldsymbol{k}$$

とすると，

$$\alpha^n = -(g_1\alpha^{n-1}+\cdots+g_n)$$

したがって，$k \geqq n$ なるとき，α^k は $1, \alpha, \alpha^2, \cdots, \alpha^{n-1}$ の $\boldsymbol{k}$ 係数の 1 次式として表わすことができる．よって

$$\sum_{k=1}^{l} a_k\alpha^k = \sum_{j=1}^{n-1} b_j\alpha^j$$

となる．

これより

$$\boldsymbol{k}(\alpha) \supset \{a_0+a_1\alpha+\cdots+a_{n-1}\alpha^{n-1} \mid a_i \in \boldsymbol{k}\}.$$

そこで

$$\{a_0+a_1\alpha+\cdots+a_{n-1}\alpha^{n-1} \mid a_i \in \boldsymbol{k}\} = \boldsymbol{L}$$

が体になることをいえばよい．なぜならば $\boldsymbol{L}$ は $\boldsymbol{k}$ も α も含んでいるからである．$\boldsymbol{k}(\alpha)$ は $\boldsymbol{k}$ と α を含む最小の体であった．$\boldsymbol{L}$ が可換環になることは，上の注意から，第 4 章，問題 4 の解答のようにやればよい．$\boldsymbol{L}$ が体になるためには

$$\beta = a_0+a_1\alpha+\cdots+a_{n-1}\alpha^{n-1} \neq 0$$

の逆元が $\boldsymbol{L}$ に存在することをいえばよい．このために次の補題を使う（第 4 章の補題参照）．

補題　$f(X)$ を，既約な $\boldsymbol{k}$ 係数多項式とする．このとき任意の $\boldsymbol{k}$ 係数多項式 $g(X)$ に対して，$\boldsymbol{k}$ 係数多項式 $h_1(X), h_2(X)$ が存在して，

$$1 = h_1(X)f(X)+h_2(X)g(X)$$

とできる．

これは第 9 章の問題 5 で証明をするのでしばらくこの事実を仮定する．

さて，上の補題で $f(X)$ として，問題 5 ②で定めた α の $\boldsymbol{k}$ 上の最小多

項式 $G(X)$ をとろう．$G(X)$ は，問題5より既約である．一方，$g(X)$ としては，$\boldsymbol{L}$ の元

$$\beta = a_0+a_1\alpha+\cdots+a_{n-1}\alpha^{n-1} \neq 0$$

に対応して

$$g(X) = a_0+a_1X+\cdots+a_{n-1}X^{n-1}$$

をとると，補題より

$$h_1(X)G(X)+h_2(X)g(X) = 1$$

なる $h_1(X), h_2(X)$ が存在する．$X=\alpha$ を代入すると

$$h_1(\alpha)G(\alpha)+h_2(\alpha)g(\alpha) = 1.$$

一方，$G(\alpha)=0$, $g(\alpha)=\beta$ より

$$h_2(\alpha)\beta = 1.$$

最初の注意より $h_2(\alpha)\in\boldsymbol{L}$ となるから

$$\beta^{-1} = h_2(\alpha) \in \boldsymbol{L}.$$

次に $1, \alpha, \alpha^2, \cdots, \alpha^{n-1}$ が $\boldsymbol{k}$ 上一次独立なことを示す．もし

$$\alpha_0+a_1\alpha+a_2\alpha^2+\cdots+a_{n-1}\alpha^{n-1} = 0, \qquad a_0, \cdots, a_{n-1} \in \boldsymbol{k}$$

とすると，

$$H(X) = a_0+a_1X+a_2X^2+\cdots+a_{n-1}X^{n-1}$$

を考えると

$$H(\alpha) = 0.$$

一方，$G(X)$ は0でない多項式で，α を代入したとき0となるものでは最低次数であったから

$$H(X) = 0$$

でなければならない．すなわち

$$a_0 = a_1 = a_2 = \cdots = a_{n-1} = 0.$$

よって $\boldsymbol{k}$ 上一次独立なことがいえた．また $\boldsymbol{k}(\alpha)$ の元は $1, \alpha, \alpha^2, \cdots, \alpha^{n-1}$ の $\boldsymbol{k}$ 係数の 1 次式として表わすことができるから，次元の定義より

$$\dim_{\boldsymbol{k}} \boldsymbol{k}(\alpha) = n.$$

問題 7 のように体 $\boldsymbol{k}$ に α を付加してできた体 $\boldsymbol{k}(\alpha)$ が $\boldsymbol{k}$ 上 n 次元ベクトル空間のとき，拡大 $\boldsymbol{k}(\alpha)/\boldsymbol{k}$ は $\boldsymbol{k}$ の $\boldsymbol{n}$ **次の拡大**である，$\boldsymbol{k}(\alpha)$ は $\boldsymbol{k}$ の $\boldsymbol{n}$ **次の拡大体**であるという（第 4 章の問題 9 参照）．

一方，α が $\boldsymbol{k}$ 上超越的なときは，事情はまったく違ってくる．それについては次章に述べることにする．

第 7 章　演習問題

［1］　$\boldsymbol{k}_1 \subset \boldsymbol{k}_2 \subset \boldsymbol{K}$ はすべて体とする．$\boldsymbol{K}$ の元 α が $\boldsymbol{k}_1$ 上代数的であれば，$\boldsymbol{k}_2$ 上代数的であることを示せ．また問題 5 ②を $\boldsymbol{k}_1(\alpha)/\boldsymbol{k}_1$ で考えたとき，α の $\boldsymbol{k}_1$ 上の最小多項式 $G(X)$ を $G_1(X)$，$\boldsymbol{k}_2(\alpha)/\boldsymbol{k}_2$ で考えたとき，α の $\boldsymbol{k}_2$ 上最小多項式 $G(X)$ を $G_2(X)$ とすると，$G_1(X)$ を $\boldsymbol{k}_2$ 係数の多項式と考えると $G_2(X)$ で割りきれることを示せ．

注意　$G_1(X)$ は $\boldsymbol{k}_1$ 係数の多項式の中で考える限りでは既約である．

［2］

$$\alpha = \frac{1}{\sqrt{2}}(1+i) \qquad (i \text{ は虚数単位})$$

とすると，$\mathbb{Q}(\alpha)/\mathbb{Q}$ は 4 次の拡大であり，α の $\mathbb{Q}$ 上の最小多項式 $G(X)$ は

$$X^4+1$$

となることを示せ．

一方，$\mathbb{Q}(i)(\alpha)/\mathbb{Q}(i)$ は 2 次の拡大であり，α の $\mathbb{Q}(i)$ 上の最小多項式 $G(X)$ は

$$X^2-i.$$

X^4+1 は $\mathbb{Q}$ 上では因数分解できないが，$\mathbb{Q}(i)$ では

$$X^4+1 = (X^2-i)(X^2+i)$$

と分解できることを示せ．

[3]　$\mathbb{Q}(\alpha)=\mathbb{Q}(\sqrt{2}, i)$ であることを示せ．ただし，ここで

$$\alpha = \frac{1}{\sqrt{2}}(1+i).$$

ヒント　$\alpha=\dfrac{1}{\sqrt{2}}(1+i)$ だから $\alpha\in\mathbb{Q}(\sqrt{2}, i)$．したがって $\mathbb{Q}(\alpha)\subset\mathbb{Q}(\sqrt{2}, i)$．$\mathbb{Q}(\alpha)\supset\mathbb{Q}(\sqrt{2}, i)$ をいうには，$\sqrt{2}, i$ を α を使って表わせばよい．

$$i = \alpha^2, \quad \sqrt{2} = \alpha^{-1}+\alpha.$$

[4]　前の問題[3]により，$\mathbb{Q}(\sqrt{2})\subset\mathbb{Q}(\sqrt{2}, i)=\mathbb{Q}(\alpha)$ がわかった．このとき，$\mathbb{Q}(\sqrt{2})(\alpha)/\mathbb{Q}(\sqrt{2})$ は 2 次の拡大であり，α に対応する $G(X)$ は

$$\left(X-\frac{1}{\sqrt{2}}\right)^2+\frac{1}{2} = X^2-\sqrt{2}X+1$$

となることを示せ．さらに，X^4+1 は $\mathbb{Q}(\sqrt{2})$ では

$$X^4+1 = (X^2-\sqrt{2}X+1)(X^2+\sqrt{2}X+1)$$

と因数分解できることも示せ．

8　拡大体の実例

前章にひきつづいて，体 $\boldsymbol{k}$ に α を付加してできた拡大体 $\boldsymbol{k}(\alpha)$ を考える．約束どおり，本章は，α が $\boldsymbol{k}$ 上超越的な場合から始める．以下で $\boldsymbol{k}(\alpha)$ というときは，α はつねに，$\boldsymbol{k}$ のある拡大体 $\boldsymbol{K}$ の元である．面倒なので $\boldsymbol{K}$ はいちいち書かないことにする．

さて，α が $\boldsymbol{k}$ 上超越的とは，

0 でない，任意の $\boldsymbol{k}$ の元を係数とする多項式(これを $\boldsymbol{k}$ 係数の多項式ということもある) $F(X) \neq 0$ に対して

$$F(\alpha) \neq 0$$

となることであった(第 7 章，問題 5 ②イ))．

問題 1　α を $\boldsymbol{k}$ 上超越的であるとすると，$\boldsymbol{k}(\alpha)$ は，$\boldsymbol{k}$ 上無限次元のベクトル空間であることを示せ．

また，$\boldsymbol{k}(\alpha)$ は，α を変数とする，$\boldsymbol{k}$ 上の有理関数体であることを示せ．すなわち

$$\boldsymbol{k}(\alpha) = \left\{ \frac{g(\alpha)}{f(\alpha)} \;\middle|\; \begin{array}{l} f(X), g(X) \text{ は } X \text{ を変数とする} \\ \boldsymbol{k} \text{ 係数多項式，} f(X) \neq 0 \end{array} \right\}.$$

解答　α が $\boldsymbol{k}$ 上超越的であれば任意の正整数 n に対して

$$1,\quad \alpha,\quad \alpha^2,\quad \alpha^3,\quad \cdots,\quad \alpha^n$$

は $\boldsymbol{k}$ 上一次独立である．もし一次独立でなければ

$$a_0+a_1\alpha+a_2\alpha^2+\cdots+a_n\alpha^n=0$$

となる．$a_0, a_1, a_2, \cdots, a_n \in \boldsymbol{k}$ のうち 0 でないものが存在する．したがって

$$F(X)=a_0+a_1X+a_2X^2+\cdots+a_nX^n \neq 0$$

を考えると $F(\alpha)=0$ となり，α は $\boldsymbol{k}$ 上超越的でなくなる．したがって $\boldsymbol{k}(\alpha)$ は $\boldsymbol{k}$ 上無限次元のベクトル空間である．$\boldsymbol{k}$ 係数の多項式 $f(X)$, $g(X)$ に対して $f(\alpha)$, $g(\alpha) \in \boldsymbol{k}(\alpha)$ である．$\boldsymbol{k}(\alpha)$ は体であるので $f(X) \neq 0$ であれば $\dfrac{1}{f(\alpha)} \in \boldsymbol{k}(\alpha)$ であり，したがって $\dfrac{g(\alpha)}{f(\alpha)} \in \boldsymbol{k}(\alpha)$ である．一方

$$\left\{ \frac{g(\alpha)}{f(\alpha)} \;\middle|\; \begin{array}{l} f(X),\ g(X) \text{ は } X \text{ を変数とする} \\ \boldsymbol{k} \text{ 係数多項式},\ f(X) \neq 0 \end{array} \right\}$$

は体であることは容易にわかるので，これは $\boldsymbol{k}(\alpha)$ と一致する．

さて，前章の問題 7 と，上の問題 1 とから，次のことがわかった．

$$\alpha \text{ が } \boldsymbol{k} \text{ 上代数的} \Longleftrightarrow \boldsymbol{k}(\alpha) \text{ は } \boldsymbol{k} \text{ 上有限次元ベクトル空間}$$

$$\alpha \text{ が } \boldsymbol{k} \text{ 上超越的} \Longleftrightarrow \boldsymbol{k}(\alpha) \text{ は } \boldsymbol{k} \text{ 上無限次元ベクトル空間}$$

α が超越的なときの $\boldsymbol{k}(\alpha)$ の構造は，問題 1 でわかってしまったから，α が $\boldsymbol{k}$ 上代数的な場合を，もっとくわしく考察してみることにする．前章の問題 5 ②により次のことがわかっている．

定理 1　α を $\boldsymbol{k}$ 上代数的とすると，次の性質を持つ $\boldsymbol{k}$ の元を係数とする既約な多項式 $G(X)$ が存在する．

イ）　$G(\alpha)=0$.

ロ）　$\boldsymbol{k}$ 係数の多項式 $F(X)$ で $F(\alpha)=0$ であれば，$\boldsymbol{k}$ 係数多項式 $H(X)$ が存在して

$$F(X) = H(X)G(X).$$

ここで $G(X)$ は，最高次の係数を 1 と定めると，α によって一意に定まる．

また，$G(X)$ は，$F(\alpha)=0$ なる $\boldsymbol{k}$ 係数多項式 $F(X)\neq 0$ の中で，最低次のものであることはこの事実よりわかる(前章問題 5 の解答を参照のこと)．

$\boldsymbol{k}$ と α とによって一意に定まる(最高次の係数を 1 としておく) $G(X)$ を，

$$G(\alpha, \boldsymbol{k}\,; X)$$

と書き，α の $\boldsymbol{k}$ 上の最小多項式という．X が変数であり，$\alpha, \boldsymbol{k}$ によって定まることを示すために，わざわざ $\alpha, \boldsymbol{k}$ を加えて，$G(\alpha, \boldsymbol{k}\,; X)$ と書いた．

さらに前章の問題 7 によって，$G(\alpha, \boldsymbol{k}\,; X)$ と $\boldsymbol{k}(\alpha)$ との関係がわかっていた．

定理 2　α を $\boldsymbol{k}$ 上代数的とする．$G(\alpha, \boldsymbol{k}\,; X)$ の次数を n とすると，$\boldsymbol{k}(\alpha)$ の $\boldsymbol{k}$ 上の次元は n であり，$\boldsymbol{k}$ 上の底として

$$1,\quad \alpha,\quad \alpha^2,\quad \cdots,\quad \alpha^{n-1}$$

がとれる．このとき $\boldsymbol{k}(\alpha)$ を $\boldsymbol{k}$ の n 次の拡大体という．

定理 1, 2 をあわせて次の結論を導くことができる．

系　α は $\boldsymbol{k}$ 上代数的であり，$\boldsymbol{k}(\alpha)$ は $\boldsymbol{k}$ 上 n 次の拡大体であるとする．このとき，$F(\alpha)=0$ なる，0 ではない $\boldsymbol{k}$ 係数多項式 $F(X)$ で，次数が最低のものは n 次であり，それは既約かつ，n 次の項の係数を定めれば一意に定まる．

すなわち $G(\alpha, \boldsymbol{k}\,; X)$ の次数を知ることと，$\boldsymbol{k}(\alpha)$ の，$\boldsymbol{k}$ 上のベクトル空間としての次元を知ることとは，まったく同値なのである．

さて，$\boldsymbol{k}$ に α を付加して $\boldsymbol{k}(\alpha)$ をつくり，さらに $\boldsymbol{k}(\alpha)$ に β を付加して $\boldsymbol{k}(\alpha)(\beta)$ をつくり，…と繰り返したらどのようになるか，また $\boldsymbol{k}_1$ を $\boldsymbol{k}$ の拡大体とするとき，$\boldsymbol{k}_1, \boldsymbol{k}$ に α を付加した $\boldsymbol{k}_1(\alpha), \boldsymbol{k}(\alpha)$ の間には，どのような関係

があるかを調べておこう．

これらの考察は，後で具体的な例を考察する際，きわめて重要な役割を果たしてくれる．

まず，$\boldsymbol{k}$ に α_1, α_2 を付加した体 $\boldsymbol{k}(\alpha_1, \alpha_2)$ と，$\boldsymbol{k}$ に α_1 を付加して $\boldsymbol{k}(\alpha_1)$ をつくり，$\boldsymbol{k}(\alpha_1)$ に α_2 を付加して $\boldsymbol{k}(\alpha_1)(\alpha_2)$ をつくったものとは一致する．

$$\boldsymbol{k}(\alpha_1, \alpha_2) = \boldsymbol{k}(\alpha_1)(\alpha_2).$$

また，α_2 を先に付加し，次に α_1 を付加して $\boldsymbol{k}(\alpha_2)(\alpha_1)$ をつくっても，やはり

$$\boldsymbol{k}(\alpha_1, \alpha_2) = \boldsymbol{k}(\alpha_2)(\alpha_1)$$

となる．これらは $\boldsymbol{k}(\alpha_1, \alpha_2)$ が，定義より，α_1, α_2 を含むような最小な体であることより，容易にわかることである．（読者は，定義に立ち返って考えてみることをすすめる．）たとえば

$$\mathbb{Q}(\sqrt{2})(i) = \mathbb{Q}(i)(\sqrt{2}) = \mathbb{Q}(\sqrt{2}, i) = \mathbb{Q}\Big(\frac{1}{\sqrt{2}}(1+i)\Big)$$

である（第 7 章演習問題[3]，[4]を参照のこと）．

一般に有限個の元 $\alpha_1, \cdots, \alpha_n$ に対して

$$\boldsymbol{k}(\alpha_1, \cdots, \alpha_n) = \boldsymbol{k}(\alpha_1)(\alpha_2)\cdots(\alpha_n)$$

である．

問題 2　α は $\boldsymbol{k}$ 上代数的，$\boldsymbol{k}(\alpha)$ は $\boldsymbol{k}$ 上 n 次の拡大体とする．また β は $\boldsymbol{k}(\alpha)$ 上代数的であり，$\boldsymbol{k}(\alpha)(\beta)=\boldsymbol{k}(\alpha, \beta)$ は，$\boldsymbol{k}(\alpha)$ 上 m 次の拡大体であるとする．このとき $\boldsymbol{k}(\alpha, \beta)$ は，$\boldsymbol{k}$ 上 nm 次元のベクトル空間であることを示せ．

これは次の問題 3 ②の特別な場合である．

問題 3　$\boldsymbol{k}_1$ は $\boldsymbol{k}$ の拡大体であり，$\boldsymbol{k}$ 上 n 次元のベクトル空間であるとす

る．このとき，次のことを示せ．

① $\boldsymbol{k}_1$ の任意の元 α は $\boldsymbol{k}$ 上代数的であり，α の $\boldsymbol{k}$ 上の最小多項式 $G(\alpha, \boldsymbol{k}; X)$ の次数は n の約数である．

② さらに $\boldsymbol{k}_2$ は $\boldsymbol{k}_1$ の拡大体であり，$\boldsymbol{k}_1$ 上 m 次元ベクトル空間であるとする．このとき，$\boldsymbol{k}_2$ は $\boldsymbol{k}$ 上 nm 次元のベクトル空間である．

解答 ① $1, \alpha, \alpha^2, \cdots, \alpha^n$ なる $n+1$ 個の $\boldsymbol{k}_1$ の元を考える．$\boldsymbol{k}_1$ は $\boldsymbol{k}$ 上 n 次元だから，これらは一次従属でなければならない．したがって，a_i のうちいずれかは 0 でない関係式

$$a_0+a_1\alpha+a_2\alpha^2+\cdots+a_n\alpha^n = 0, \qquad a_i \in \boldsymbol{k}$$

が成り立つ．よって

$$F(X) = a_0+a_1X+a_2X^2+\cdots+a_nX^n \neq 0.$$

したがって α は $\boldsymbol{k}$ 上代数的．また α の $\boldsymbol{k}$ 上の最小多項式 $G(\alpha, \boldsymbol{k}; X)$ の定義より，$\boldsymbol{k}$ 係数の多項式 $H(X)$ が存在して

$$F(X) = H(X)G(\alpha, \boldsymbol{k}; X).$$

これより $G(\alpha, \boldsymbol{k}; X)$ の次数は n=多項式 F の次数の約数．

② $\boldsymbol{k}_1$ の $\boldsymbol{k}$ 上のベクトル空間としての底を

$$\alpha_1, \quad \alpha_2, \quad \cdots, \quad \alpha_n,$$

$\boldsymbol{k}_2$ の $\boldsymbol{k}_1$ 上のベクトル空間としての底を

$$\beta_1, \quad \beta_2, \quad \cdots, \quad \beta_m$$

としておく．このとき $\boldsymbol{k}_2$ の $\boldsymbol{k}$ 上のベクトル空間としての底を

$$\alpha_i\beta_j, \qquad 1 \leqq i \leqq n, \quad 1 \leqq j \leqq m$$

と選べることを示そう．まず，$\alpha_i\beta_j$, $1{\leqq}i{\leqq}n$, $1{\leqq}j{\leqq}m$ が一次独立であることを示す．

$$\sum_{j=1}^{m}\sum_{i=1}^{n} a_{ij}\alpha_i\beta_j = 0, \qquad a_{ij} \in \boldsymbol{k}$$

であったとする．上の和を

$$\sum_{j=1}^{m}\left(\sum_{i=1}^{n} a_{ij}\alpha_i\right)\beta_j = 0$$

と書きかえると，

$$\sum_{i=1}^{n} a_{ij}\alpha_i \in \boldsymbol{k}_1, \qquad 1 \leqq j \leqq m$$

であり，β_j, $1{\leqq}j{\leqq}m$ は $\boldsymbol{k}_1$ 上一次独立であることより

$$\sum_{i=1}^{n} a_{ij}\alpha_i = 0, \qquad 1 \leqq j \leqq m$$

でなければならない．$a_{ij}{\in}\boldsymbol{k}$ であり，α_i, $1{\leqq}i{\leqq}n$ は $\boldsymbol{k}$ 上一次独立であるから，各 j に対して

$$a_{ij} = 0, \qquad 1 \leqq i \leqq n.$$

よって $\alpha_i\beta_j$, $1{\leqq}i{\leqq}n$, $1{\leqq}j{\leqq}m$ が一次独立であることが示された．

つぎに $\boldsymbol{k}_2$ の任意の元は $\alpha_i\beta_j$, $1{\leqq}i{\leqq}n$, $1{\leqq}j{\leqq}m$ の $\boldsymbol{k}$ 係数の 1 次式に表わされることを示す．γ を $\boldsymbol{k}_2$ の任意の元とする．β_j, $1{\leqq}j{\leqq}m$ は $\boldsymbol{k}_2$ の $\boldsymbol{k}_1$ 上の底だから

$$\gamma = \sum_{j=1}^{m} \gamma_j\beta_j, \qquad \gamma_j \in \boldsymbol{k}_1$$

と一意に書ける．また α_i, $1{\leqq}i{\leqq}n$ は $\boldsymbol{k}_1$ の $\boldsymbol{k}$ 上の底だから

$$\gamma_j = \sum_{i=1}^{n} a_{ij}\alpha_i, \qquad a_{ij} \in \boldsymbol{k}$$

と書くことができる．したがって

$$\gamma = \sum_{j=1}^{m}\sum_{i=1}^{n} a_{ij}\alpha_i\beta_j, \qquad a_{ij} \in \boldsymbol{k}$$

と書くことができる．$\alpha_i\beta_j$, $1{\leqq}i{\leqq}n$, $1{\leqq}j{\leqq}m$ は $\boldsymbol{k}$ 上一次独立であることより，上の a_{ij} は一意に定まり，したがって $\boldsymbol{k}_2$ は $\boldsymbol{k}$ 上 nm 次元ベクトル空間であり，底として

$$\alpha_i\beta_j, \qquad 1 \leqq i \leqq n, \quad 1 \leqq j \leqq m$$

をとることができた.

上の問題およびその証明は，きわめて重要なので，次にまとめておく.

> **定理３**　$\boldsymbol{k}_1$ は $\boldsymbol{k}$ の拡大体であり，$\boldsymbol{k}_1$ は $\boldsymbol{k}$ 上 n 次元ベクトル空間であるとする(これを，$\boldsymbol{k}_1$ は $\boldsymbol{k}$ の $\boldsymbol{n}$ **次拡大体**であるということにしよう). このとき $\boldsymbol{k}_1$ の任意の元 α に対して $G(\alpha, \boldsymbol{k}\,; X)$ の次数は n の約数である.

> **定理４**　$\boldsymbol{k}_2$ が $\boldsymbol{k}_1$ の m 次拡大体であり，$\boldsymbol{k}_1$ が $\boldsymbol{k}$ の n 次拡大体であれば，$\boldsymbol{k}_2$ は $\boldsymbol{k}$ の mn 次拡大体である.
>
> また，$\boldsymbol{k}_2 \supset \boldsymbol{k}_1 \supset \boldsymbol{k}$ とし，$\boldsymbol{k}_2$ が $\boldsymbol{k}$ の l 次拡大体であれば，$\boldsymbol{k}_2$ は $\boldsymbol{k}_1$ の l_1 次拡大体であり，$\boldsymbol{k}_1$ は $\boldsymbol{k}$ の l_2 次拡大体であり，$l=l_1l_2$ である.

以上の二つは問題３そのものである. ただし定理４の最後は，$\boldsymbol{k}_2$ は $\boldsymbol{k}_1$ 上有限次元ベクトル空間，$\boldsymbol{k}_1$ は $\boldsymbol{k}$ 上有限次元ベクトル空間であることを，いわなければならない.

しかしこれは容易だから読者にまかせよう(背理法を使えば簡単).

次の結果は，問題３②の証明および定理２からわかる. ($\boldsymbol{k}(\alpha)$ の $\boldsymbol{k}$ 上の底として，$1, \alpha, \cdots, \alpha^{n-1}$，$\boldsymbol{k}(\beta)$ の $\boldsymbol{k}$ 上の底として，$1, \beta, \cdots, \beta^{n-1}$ がとれる.)

> **定理５**　$\boldsymbol{k}(\alpha)$ は $\boldsymbol{k}$ の n 次拡大体であり，$\boldsymbol{k}(\alpha, \beta)=\boldsymbol{k}(\alpha)(\beta)$ は $\boldsymbol{k}(\alpha)$ の m 次拡大体であるとすると，$\boldsymbol{k}(\alpha, \beta)$ は $\boldsymbol{k}$ の nm 次拡大体であり，ベクトル空間としての $\boldsymbol{k}$ 上の底として，
>
> $$\alpha^i\beta^j, \qquad 0 \leqq i \leqq n-1, \quad 0 \leqq j \leqq m-1$$
>
> がとれる.

次の問題を最後として，一般論をここで終えて，具体的な例を見ていこう．

問題 4　$\boldsymbol{k}_1$ は $\boldsymbol{k}$ の拡大体とする．α は $\boldsymbol{k}$ 上代数的な元とし，$\boldsymbol{k}(\alpha)$ は n 次拡大体とする．次を示せ．

①　$\boldsymbol{k}_1(\alpha)$ は $\boldsymbol{k}(\alpha)$ の拡大体であり，α は $\boldsymbol{k}_1$ 上代数的である．
　また $\boldsymbol{k}_1(\alpha)$ は $\boldsymbol{k}_1$ の m 次拡大体とすると $m \leqq n$.

②　α の $\boldsymbol{k}_1$ 上の最小多項式 $G(\alpha, \boldsymbol{k}_1; X)$ は定義から，$\boldsymbol{k}_1$ 係数の多項式であるが，これは α の $\boldsymbol{k}$ 上の最小多項式 $G(\alpha, \boldsymbol{k}\,; X)$ を割りきる．したがって①の m は n の約数.

解答　①　α は $\boldsymbol{k}_1$ 上代数的であることは定義より明らか.

　また $\boldsymbol{k}_1 \supset \boldsymbol{k}$ より $\boldsymbol{k}_1(\alpha) \supset \boldsymbol{k}(\alpha)$ であり，$\boldsymbol{k}_1(\alpha)$ は $\boldsymbol{k}(\alpha)$ の拡大体である.

　$\boldsymbol{k}(\alpha)$ は $\boldsymbol{k}$ 上 n 次の拡大体であるから，

$$1, \quad \alpha, \quad \cdots, \quad \alpha^{n-1}$$

は $\boldsymbol{k}$ 上の底．しかしながら，これを $\boldsymbol{k}_1$ 上で考えると，$\boldsymbol{k}_1$ 上では一次従属であるかもしれない．だから $G(\alpha, \boldsymbol{k}_1; X)$ の次数は n 以下であるから $m \leqq n$.

　②　$G(\alpha, \boldsymbol{k}\,; X)$ は $\boldsymbol{k}$ 係数の多項式だから，$\boldsymbol{k}_1$ 係数の多項式でもある.

$$G(\alpha, \boldsymbol{k}\,; X) = 0$$

であるから，$\boldsymbol{k}_1$ 係数の多項式と考えたとき（$\boldsymbol{k}$ 上では既約ではあっても），$G(\alpha, \boldsymbol{k}_1; X)$ の定義より，$\boldsymbol{k}_1$ 係数の多項式 $H(X)$ があって

$$G(\alpha, \boldsymbol{k}\,; X) = H(X) G(\alpha, \boldsymbol{k}_1; X).$$

$G(\alpha, \boldsymbol{k}\,; X)$ の次数が n，$G(\alpha, \boldsymbol{k}_1; X)$ の次数が m であるから，m は n の約数.

以上をまとめて

> **定理6** $\boldsymbol{k}_1$ を $\boldsymbol{k}$ の拡大体とする．$\boldsymbol{k}(\alpha)$ を $\boldsymbol{k}$ の n 次拡大体とすると，$\boldsymbol{k}_1(\alpha)$ は $\boldsymbol{k}_1$ の m 次拡大体であり，m は n の約数となる．また α の $\boldsymbol{k}_1$ 上の最小多項式 $G(\alpha, \boldsymbol{k}_1; X)$ は α の $\boldsymbol{k}$ 上の最小多項式 $G(\alpha, \boldsymbol{k}; X)$ を割りきる(因子である)．

以上の定理1～6を，具体的な問題にどのように適用していくか見ていこう．例として，以下で考えるのは，$\boldsymbol{k}$ として有理数体 $\mathbb{Q}$ または $\mathbb{Q}$ の拡大体の場合である．

問題5

① a, b, c, d は有理数とする．

$$a+\sqrt{2}b+\sqrt{3}c+\sqrt{6}d = 0$$

ならば

$$a = b = c = d = 0$$

を示せ．　　　　('69　一橋大)

② $\sqrt{2}+i$ を根にもつ有理係数の n 次方程式($n>1$)で，最低次のものを求めよ(第7章，問題5を参照せよ)．

解答 ① $\sqrt{6}=\sqrt{3}\cdot\sqrt{2}$ であるから，定理5より $\mathbb{Q}(\sqrt{2}, \sqrt{3})$ が $\mathbb{Q}(\sqrt{2})$ 上2次の拡大体であることがわかればよい．

ここで $\mathbb{Q}(\sqrt{2})$ は $\mathbb{Q}$ 上2次の拡大体であり，$\mathbb{Q}$ 上の底として $1, \sqrt{2}$ がとれることはすぐにわかる．もし $\mathbb{Q}(\sqrt{2}, \sqrt{3})=\mathbb{Q}(\sqrt{2})(\sqrt{3})$ が，$\mathbb{Q}(\sqrt{2})$ 上2次の拡大とすると($\mathbb{Q}(\sqrt{2}, \sqrt{3})$ は $\mathbb{Q}(\sqrt{2})$ 上2次または1次の拡大であることは，定理6よりわかる)，$1, \sqrt{3}$ が $\mathbb{Q}(\sqrt{2}, \sqrt{3})$ の $\mathbb{Q}(\sqrt{2})$ 上の底となり，定理5より，

$$1, \quad \sqrt{2}, \quad \sqrt{3}, \quad \sqrt{6}$$

が $\mathbb{Q}(\sqrt{2},\sqrt{3})$ の，$\mathbb{Q}$ 上の底となる．すなわち $\mathbb{Q}(\sqrt{2},\sqrt{3})$ は $\mathbb{Q}$ 上 4 次の拡大体．①は $1,\sqrt{2},\sqrt{3},\sqrt{6}$ が $\mathbb{Q}$ 上一次独立，をいっているのであるからこれで証明が終わる．

さて $\mathbb{Q}(\sqrt{2},\sqrt{3})$ が $\mathbb{Q}(\sqrt{2})$ 上 2 次の拡大体であることの証明は種々できるが，ここでは一例を示すにとどめておく(他の方法を読者は考えてみよ)．もし $\mathbb{Q}(\sqrt{2},\sqrt{3})$ が $\mathbb{Q}(\sqrt{2})$ 上 2 次の拡大体でなかったとすると，1 次の拡大体，すなわち

$$\mathbb{Q}(\sqrt{2},\sqrt{3}) = \mathbb{Q}(\sqrt{2}).$$

したがって $\sqrt{3}\in\mathbb{Q}(\sqrt{2})$ より

$$\sqrt{3} = a\sqrt{2}+b, \qquad a, b \in \mathbb{Q}$$

と書けなければいけない．両辺を 2 乗して矛盾がでる．

②　求める多項式は定理 1 より $G(\sqrt{2}+i, \mathbb{Q}; X)$ を定数倍したものである．

$$\mathbb{Q}(\sqrt{2}, i) \ni \sqrt{2}+i$$
$$\therefore\quad \mathbb{Q}(\sqrt{2}, i) \supset \mathbb{Q}(\sqrt{2}+i)$$

上と同様にして(問題 7 でもっと一般的に証明する)，$\mathbb{Q}(\sqrt{2}, i)$ は $\mathbb{Q}$ 上 4 次の拡大体．定理 4 より $\mathbb{Q}(\sqrt{2}+i)$ は $\mathbb{Q}$ 上 4 次または 2 次の拡大体である(1 次の拡大体，すなわち $\mathbb{Q}(\sqrt{2}+i)=\mathbb{Q}$ となることはない．$\sqrt{2}+i\notin\mathbb{Q}$ だから)．4 次または 2 次の拡大に応じて $G(\sqrt{2}+i, \mathbb{Q}; X)$ は 4 次または 2 次．しかしすぐわかるように，$\sqrt{2}+i$ は 2 次式を満足しない．したがって最低次の方程式は 4 次式である．あとは容易である．

$$X = \sqrt{2}+i$$

とおいて $X-\sqrt{2}=i$ の両辺を 2 乗して

$$X^2+3 = 2\sqrt{2}X.$$

この両辺を 2 乗して

$$X^4-2X^2+9=0.$$

これが求める多項式である．

上の証明を振り返ると，次のことがいえたことになる．

$a, b, c, d\in\mathbb{Q}$, $a+\sqrt{2}b+\sqrt{3}c+\sqrt{6}d=0$ ならば $a=b=c=d=0$

$\Longleftrightarrow$ $\mathbb{Q}(\sqrt{2}, \sqrt{3})$ は $\mathbb{Q}$ 上 4 次の拡大体

$\Longleftrightarrow$ $\mathbb{Q}(\sqrt{2}, \sqrt{3})$ は $\mathbb{Q}(\sqrt{2})$ 上 2 次の拡大体

$\Longleftrightarrow$ $\mathbb{Q}(\sqrt{2}, \sqrt{3})$ は $\mathbb{Q}(\sqrt{3})$ 上 2 次の拡大体

この事実を念頭におけば，上の①の証明は，次のように行なわれていることがわかる．まず

$$(a+\sqrt{2}b)+(c+\sqrt{2}d)\sqrt{3}=0 \qquad (1)$$

と変形する．$\mathbb{Q}(\sqrt{2})$ で $1, \sqrt{3}$ が一次独立であることがわかれば

$$a+\sqrt{2}b=0, \qquad c+\sqrt{2}d=0$$

となり，これよりただちに $a=b=c=d=0$ が出る．したがって，証明で本質的なところは

> $\mathbb{Q}(\sqrt{2})$ 上で，$1, \sqrt{3}$ が一次独立であること，すなわち，$\mathbb{Q}(\sqrt{2}, \sqrt{3})$ が $\mathbb{Q}(\sqrt{2})$ 上 2 次の拡大体である

ところである．

2 次の拡大体であることは $\sqrt{3}\notin\mathbb{Q}(\sqrt{2})$ であることと同値であり，したがって

$$\sqrt{3}=a+b\sqrt{2}\in\mathbb{Q}(\sqrt{2})$$

と仮定して矛盾を出せばよい．このことは，(1)の変形で考えれば，もし $c+\sqrt{2}d\neq 0$ ならば ($c+\sqrt{2}d=0$ であれば $a+\sqrt{2}b=0$)

$$\sqrt{3} = -\frac{a+\sqrt{2}b}{c+\sqrt{2}d} \in \mathbb{Q}(\sqrt{2})$$

となり，そのことから矛盾を導くことに対応している．

$$c\sqrt{6} = -(a+\sqrt{2}b+\sqrt{3}d) \qquad (2)$$

などと変形して両辺を 2 乗してもうまくいかない理由もここにある．(2)の変形では，考えるところは依然として，$\mathbb{Q}(\sqrt{2}, \sqrt{3})$ だから不十分である．

重要であるのは，

> $\mathbb{Q}(\sqrt{2}, \sqrt{3})$ でいきなり考えずに，$\mathbb{Q}(\sqrt{2})$ または $\mathbb{Q}(\sqrt{3})$ を通じて考える

ことなのである．それは，問題そのものが，体の拡大の理論そのものであるからである．($\sqrt{3}$ と $\sqrt{2}$ の役割を変えてもよいことも明らかであろう．)

②に関しても事情は同じである．$X^4-2X^2+9=0$ を出すことは簡単であるが，それが求める最低次のものであることを示すのは簡単ではない．しかし，体の拡大の理論を使えば，たいした面倒な計算をせずに，容易に $X^4-2X^2+9=0$ が求めるものであることがわかったわけである．

問題 6

① $\mathbb{Q}(\sqrt{2}, \sqrt{3})=\mathbb{Q}(\sqrt{2}+\sqrt{3})$ であることを示せ．

② $\sqrt{2}+\sqrt{3}$ のみたす $\mathbb{Q}$ 係数の n 次方程式($n>1$)のうち，最低次数のものを求めよ．

解答　① $\mathbb{Q}(\sqrt{2}, \sqrt{3})\supset\mathbb{Q}(\sqrt{2}+\sqrt{3})$ は明らか．

$$\sqrt{2} \in \mathbb{Q}(\sqrt{2}+\sqrt{3}), \qquad \sqrt{3} \in \mathbb{Q}(\sqrt{2}+\sqrt{3})$$

をいえば十分．

$\beta=\sqrt{2}+\sqrt{3}$ とおくと，両辺に $\sqrt{3}$ をかけて

$$\sqrt{3}\beta = \sqrt{6}+3.$$

一方，$\beta^2=5+2\sqrt{6}$.　$\therefore\quad \sqrt{3}\beta=\dfrac{\beta^2-5}{2}+3$

$$\therefore\quad \sqrt{3}=\frac{\beta^2+1}{2\beta}\in\mathbb{Q}(\sqrt{2}+\sqrt{3})$$

$\sqrt{2}$ も同様.

② ①より $\mathbb{Q}(\sqrt{2}+\sqrt{3})$ は $\mathbb{Q}$ 上 4 次の拡大体．したがって，求める方程式 $G(\sqrt{2}+\sqrt{3},\mathbb{Q};X)=0$ は $\mathbb{Q}$ 係数の 4 次方程式.

一方，$\mathbb{Q}$ 係数の 4 次方程式が $\sqrt{2}+\sqrt{3}$ を根にもてば $-\sqrt{2}+\sqrt{3}$，$\sqrt{2}-\sqrt{3}$，$-\sqrt{2}-\sqrt{3}$ も根に持たねばならない．（これに関しては第 11 章，問題 2 とその解説を参照せよ.）

$$\begin{aligned}\therefore\quad & G(\sqrt{2}+\sqrt{3},\mathbb{Q};X)\\ &=(X-\sqrt{2}-\sqrt{3})(X+\sqrt{2}-\sqrt{3})(X-\sqrt{2}+\sqrt{3})(X+\sqrt{2}+\sqrt{3})\\ &=X^4-10X^2+1\end{aligned}$$

これが求めるものである.

次の問題は，問題 5，6 を特別な場合として含む.

問題 7　m,n を，$|m|,|n|$ がともに平方数ではない整数とする．$\sqrt{m}$ を

$$\sqrt{m}=\begin{cases}\sqrt{m} & (m>0)\\ \sqrt{-m}\,i & (m<0,\ i\text{ は虚数単位})\end{cases}$$

と定める．$\sqrt{n}$ も同様．m と n とは互いに素とする．次のことを示せ.

① $\mathbb{Q}(\sqrt{m},\sqrt{n})$ は $\mathbb{Q}(\sqrt{n})$ 上 2 次の拡大体.

② a,b,c,d を有理数とするとき

$$a+\sqrt{m}b+\sqrt{n}c+\sqrt{mn}d=0$$

ならば

$$a = b = c = d = 0.$$

③　$\mathbb{Q}(\sqrt{m}, \sqrt{n}) = \mathbb{Q}(\sqrt{m}+\sqrt{n})$.

④　$\sqrt{m}+\sqrt{n}$ のみたす $\mathbb{Q}$ 係数の n 次方程式$(n>1)$のうち，最低次のものを求めよ．

解答　①　$\mathbb{Q}(\sqrt{m})$ は $\mathbb{Q}$ 上 2 次の拡大体だから定理 6 より $\mathbb{Q}(\sqrt{m}, \sqrt{n})$ は $\mathbb{Q}(\sqrt{n})$ 上 2 次の拡大体または 1 次の拡大体である．2 次の拡大体でないとすると，

$$\mathbb{Q}(\sqrt{m}, \sqrt{n}) = \mathbb{Q}(\sqrt{n})$$

$$\therefore \quad \sqrt{m} \in \mathbb{Q}(\sqrt{n})$$

$$\sqrt{m} = a\sqrt{n}+b, \qquad a \in \mathbb{Q},\ b \in \mathbb{Q}$$

と書ける．

さて $b \neq 0$.（ここで m と n が互いに素を使う．）なぜならば，もし $b=0$ とすれば

$$\sqrt{m} = a\sqrt{n}$$

$$a = \frac{l}{k} \qquad (k \text{ と } l \text{ とは互いに素な整数})$$

と書くと，両辺を 2 乗して

$$k^2 m = l^2 n.$$

k と l とは互いに素より，l^2 は m を割り，k^2 は n を割りきらねばならない．

$$\therefore \quad m = l^2 m', \quad n = k^2 n'$$

$$\therefore \quad k^2 l^2 m' = k^2 l^2 n'$$

$$\therefore \quad m' = n'$$

一方，m, n は互いに素より $m'=n'=\pm 1$ でなければならない．ところがそうなると $|m|=l^2$, $|n|=k^2$ と平方数になって矛盾．よって $b \neq 0$.

また $\sqrt{m}$ は有理数でないから $a\neq 0$ である．以上より $ab\neq 0$.

さて $\sqrt{m}=a\sqrt{n}+b$ の両辺を 2 乗すると

$$m = a^2n+b^2+2ab\sqrt{n},$$

$ab\neq 0$ より $\sqrt{n}$ は有理数．これは $\sqrt{n}$ の仮定に反する．よって

$$\sqrt{m} \notin \mathbb{Q}(\sqrt{n}).$$

以上で，$\mathbb{Q}(\sqrt{m},\sqrt{n})$ は $\mathbb{Q}(\sqrt{n})$ の 2 次の拡大体であることがわかった．

② ①と定理 5 より明らか．

③ $\mathbb{Q}(\sqrt{m}+\sqrt{n})\subset\mathbb{Q}(\sqrt{m},\sqrt{n})$ は明らか．

$$\sqrt{m} \in \mathbb{Q}(\sqrt{m}+\sqrt{n}), \qquad \sqrt{n} \in \mathbb{Q}(\sqrt{m}+\sqrt{n})$$

をいえばよい．

$\beta=\sqrt{m}+\sqrt{n}$ とおくと，両辺に $\sqrt{m}$ をかけて

$$\sqrt{m}\beta = m+\sqrt{mn}.$$

一方

$$\beta^2 = m+n+2\sqrt{mn}.$$

以上より

$$\sqrt{m} = \frac{1}{\beta}\left(\frac{\beta^2-m-n}{2}+m\right) \in \mathbb{Q}(\sqrt{m}+\sqrt{n}).$$

$\sqrt{n}\in\mathbb{Q}(\sqrt{m}+\sqrt{n})$ も同様．

④ ③より $G(\sqrt{m}+\sqrt{n},\mathbb{Q}\,;X)$ は 4 次式．

$\mathbb{Q}$ 係数の方程式で $\sqrt{m}+\sqrt{n}$ が根であれば，

$$-\sqrt{m}+\sqrt{n}, \quad \sqrt{m}-\sqrt{n}, \quad -\sqrt{m}-\sqrt{n}$$

も根である．したがって

$$
\begin{aligned}
&G(\sqrt{m}+\sqrt{n},\mathbb{Q};X)\\
&\quad=(X-\sqrt{m}-\sqrt{n})(X+\sqrt{m}-\sqrt{n})(X-\sqrt{m}+\sqrt{n})(X+\sqrt{m}+\sqrt{n})\\
&\quad=\{X^2-(\sqrt{m}+\sqrt{n})^2\}\{X^2-(\sqrt{m}-\sqrt{n})^2\}\\
&\quad=X^4-2(m+n)X^2+(m-n)^2\\
&\qquad\therefore\quad X^4-2(m+n)X^2+(m-n)^2=0
\end{aligned}
$$

これが求めるものである．

問題 7 の特別な場合を再度考察する．

問題 8

① a,b,c,d を有理数として

$$a+bi+c\sqrt{3}+d\sqrt{3}i=0 \qquad (i\ \text{は虚数単位})$$

であれば $a=b=c=d=0$ であることを示せ．

② $\sqrt{3}+i$ を根にする有理数係数の方程式で，次数が一番低いものを求めよ．

③ $\alpha=\sqrt{3}+i$ とおいて，$\sqrt{3}$, i, $\sqrt{3}i$ を α の有理数係数の多項式として表わせ．

これらの問題を，体の拡大の理論からどのように見ていくのかを，少しくわしく説明しよう．

①では，問題になっているのは，有理数体 $\mathbb{Q}$，および $\sqrt{3}$, i である．そこで $\mathbb{Q}$ に $\sqrt{3}$, i を付加した体 $\mathbb{Q}(\sqrt{3},i)$ を考えてみる．1, i, $\sqrt{3}$, $\sqrt{3}i$ はすべて $\mathbb{Q}(\sqrt{3},i)$ の元である．そう見れば，①は $\mathbb{Q}(\sqrt{3},i)$ を $\mathbb{Q}$ 上のベクトル空間と考えたとき，

$$1,\ i,\ \sqrt{3},\ \sqrt{3}i$$

が $\mathbb{Q}$ 上一次独立であることを述べているのである．

さて，$\mathbb{Q}(\sqrt{3}, i)$ を考察するために，$\mathbb{Q}$ に $\sqrt{3}$ を付加して $\mathbb{Q}(\sqrt{3})$ をつくり，それに i を付加して $\mathbb{Q}(\sqrt{3}, i)$ をつくったと考える．（もちろん，i を先に付加して，続いて $\sqrt{3}$ を付加してもよい．）

このことを以下のように表わす．

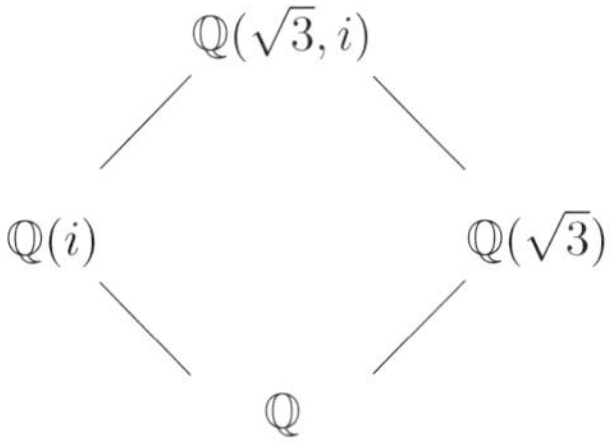

線で結ばれた体のうち，上の方にある体が下の方にある体の拡大体になっている．そこで $\mathbb{Q}(\sqrt{3})$ から $\mathbb{Q}(\sqrt{3}, i)$ なる拡大をまず考える．①の式を書き換えて

$$(a+c\sqrt{3})+(b+d\sqrt{3})i = 0$$

となる．すると①は，この式より

$$a+c\sqrt{3} = 0, \qquad b+d\sqrt{3} = 0 \tag{$*$}$$

が出ることを主張している．すなわち $\mathbb{Q}(\sqrt{3}, i)$ を $\mathbb{Q}(\sqrt{3})$ 上のベクトル空間と考えたとき，$1, i$ が $\mathbb{Q}(\sqrt{3})$ 上一次独立であることをいっているわけである．($*$)がいえれば，$1, \sqrt{3}$ は $\mathbb{Q}$ 上一次独立であるから（これは $\sqrt{3}$ が無理数であることから示すこともできるし，あるいは，$\sqrt{3}$ は $x^2-3=0$ の根であることから問題 3，問題 4 より明らか），$a=b=c=d=0$ がいえるわけである．

ところで，$1, i$ が $\mathbb{Q}(\sqrt{3})$ 上一次独立ということは，$\mathbb{Q}(\sqrt{3}, i)$ が $\mathbb{Q}(\sqrt{3})$ 上 2 次の拡大体であることと同じである．もし 2 次の拡大体でなければ，$\mathbb{Q}(i)$ が $\mathbb{Q}$ 上 2 次の拡大体であることより，定理 6 から $\mathbb{Q}(\sqrt{3}, i)=\mathbb{Q}(\sqrt{3})$ となり，i が

$$i = a+b\sqrt{3}, \qquad a, b \in \mathbb{Q}$$

と書けることになるが，右辺は実数であるから矛盾である．こうして①が示されたわけである．また以上のことより，定理 5 を使って $\mathbb{Q}(\sqrt{3}, i)$ は $\mathbb{Q}$ 上 4 次

の拡大体であることがわかり，同時に $\mathbb{Q}$ 上の底が

$$1, \quad i, \quad \sqrt{3}, \quad \sqrt{3}i$$

であることがわかり，ふたたび①が示されることになる．すなわち本質的なのは，『$\mathbb{Q}(\sqrt{3},i)$ は $\mathbb{Q}(\sqrt{3})$ 上 2 次の拡大体である』ことである．

②は $G(X)=G(\sqrt{3}+i,\mathbb{Q};X)$ を求めればよい．

$$\sqrt{3}+i \in \mathbb{Q}(\sqrt{3},i)$$

であり，$\mathbb{Q}(\sqrt{3},i)$ は $\mathbb{Q}$ 上 4 次の拡大体であるから，定理 3 より $G(X)$ の次数は 4 の約数である．

$\sqrt{3}+i \notin \mathbb{Q}$ より，$G(X)$ の次数は 2 次または 4 次である．2 次であるとすると

$$G(X) = X^2+aX+c$$

として，$G(\sqrt{3}+i)=0$ なるように，a, c を定めればよいが，簡単な計算から $\sqrt{3}+i$ は $\mathbb{Q}$ 係数の 2 次方程式の根にならないことがわかる．したがって

$$G(X) = X^4+aX^3+bX^2+cX+d$$

として，$G(\sqrt{3}+i)=0$ なるように a, b, c, d を定めれば求まるわけである．（今度は定理 3 より必ず a, b, c, d は求まる．）しかし実は $\sqrt{3}+i$ が有理数係数の方程式の根であれば，

$$-\sqrt{3}+i, \quad \sqrt{3}-i, \quad -\sqrt{3}-i$$

も根であることより（第 11 章の問題 2，第 11 章の演習問題[3]を参照）

$$G(X) = (X-\sqrt{3}-i)(X+\sqrt{3}-i)(X-\sqrt{3}+i)(X+\sqrt{3}+i)$$

であることがわかる．

③　$G(\alpha,\mathbb{Q};X)$ は②より 4 次式であるから，$\mathbb{Q}(\alpha)$ は $\mathbb{Q}$ 上 4 次の拡大体である．

一方，$\alpha=\sqrt{3}+i\in\mathbb{Q}(\sqrt{3},i)$ より

$$\mathbb{Q}(\alpha) \subset \mathbb{Q}(\sqrt{3}, i)$$

となり，$\mathbb{Q}(\sqrt{3}, i)$ は $\mathbb{Q}(\alpha)$ の拡大体である．さて $\mathbb{Q}(\sqrt{3}, i)$ は $\mathbb{Q}$ 上 4 次の拡大体，$\mathbb{Q}(\alpha)$ も $\mathbb{Q}$ 上 4 次の拡大体より，定理 5 から $\mathbb{Q}(\sqrt{3}, i)$ は $\mathbb{Q}(\alpha)$ 上 1 次の拡大体，すなわち

$$\mathbb{Q}(\sqrt{3}, i) = \mathbb{Q}(\alpha)$$

であることがわかった．

$$\begin{array}{c} \mathbb{Q}(\sqrt{3}, i) \\ | \\ \mathbb{Q}(\alpha) \\ | \\ \mathbb{Q} \end{array}$$

よって定理 2 より $\mathbb{Q}(\sqrt{3}, i)=\mathbb{Q}(\alpha)$ の $\mathbb{Q}$ 上の底として

$$1, \quad \alpha, \quad \alpha^2, \quad \alpha^3$$

をとることができる．よって

$$\begin{aligned} \sqrt{3} &= a_0+a_1\alpha+a_2\alpha^2+a_3\alpha^3 \\ i &= b_0+b_1\alpha+b_2\alpha^2+b_3\alpha^3 \\ \sqrt{3}i &= c_0+c_1\alpha+c_2\alpha^2+c_3\alpha^3 \end{aligned}$$

と書くことができるから，$\alpha=\sqrt{3}+i$ を上式へ代入して a_i, b_i, c_i を求めることができるわけである．しかし，実際に a_i, b_i, c_i を求めるのは少々面倒なので，たとえば $\alpha-\sqrt{3}=i$ より，両辺を 2 乗して

$$\alpha^2-2\sqrt{3}\alpha+3 = -1$$

$$\sqrt{3} = \frac{\alpha}{2}+\frac{2}{\alpha}$$

そこで $G(\alpha)=0$ を用いて α^{-1} を α の多項式として表わせばよい．いずれにせよ，上の a_i, b_i, c_i は一意に定まることに注意せよ．

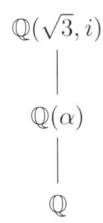

以上によって一般論の適用の仕方は大体明らかになった．一般論を用いることによって，われわれは考察する範囲をはっきり限定することができた．(たとえば②では，4 次式または 2 次式のみを考えればよいことがすぐわかってしまった.）そして範囲が極めて限られたものになったので，後はその場合の特殊性を使って，なるべく簡明に解を求めるようにすればよいのである．

第8章 演習問題

［1］ $\boldsymbol{K}$ は標数 p の体とするとき，次のことを示せ．

① $(\alpha_1+\cdots+\alpha_n)^{p^l}=\alpha_1^{p^l}+\cdots+\alpha_n^{p^l}$,　　$\alpha_1,\cdots,\alpha_n\in\boldsymbol{K}$

② $f(X)=X^p-\alpha$,　　$\alpha\in\boldsymbol{K}$

とする．$f(X)=0$ の根は p 重根であることを示せ．

すなわち，もし $f(a)=0$ であれば $f(X)=(X-a)^p$．

［2］ $\omega\neq1$ は 1 の 3 乗根とする．次のことを示せ．

① $\mathbb{Q}(\omega)$ は $\mathbb{Q}$ の 2 次の拡大体である．

② $\mathbb{Q}(\omega)=\mathbb{Q}(\sqrt{3}i)$

③ $\mathbb{Q}(\sqrt{3},i)$ は $\mathbb{Q}(\omega)$ 上 2 次の拡大体である．

④ $\alpha=\sqrt{3}+i$ とおくとき

$G(\alpha,\mathbb{Q}(\sqrt{3});X)$

$G(\alpha,\mathbb{Q}(i);X)$

$G(\alpha,\mathbb{Q}(\omega);X)$

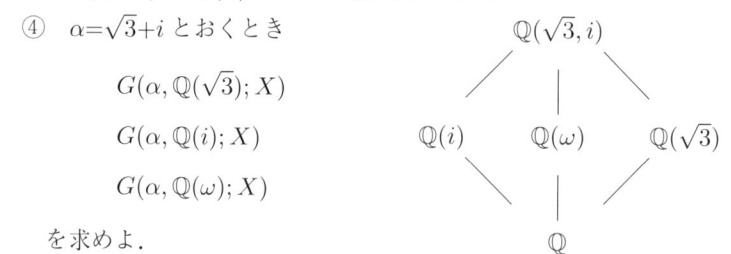

を求めよ．

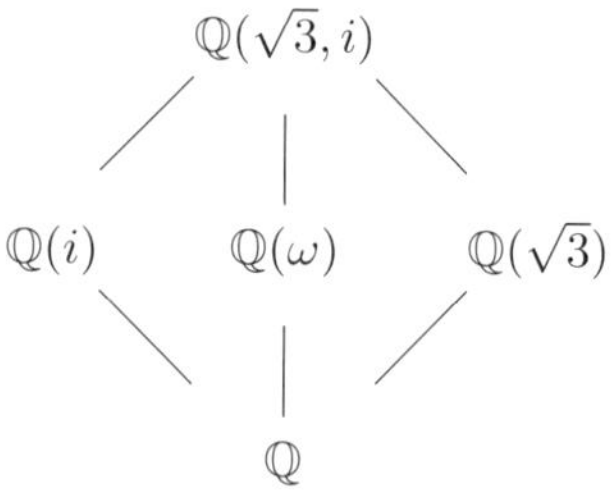

⑤ $a+b\sqrt{3}+c\omega+d\sqrt{3}\omega=0,\ a,b,c,d\in\mathbb{Q}$ ならば $a=b=c=d=0$ を示せ．

［3］ $\alpha=\cos\dfrac{2\pi}{8}+i\sin\dfrac{2\pi}{8}$ とする．次のことを示せ．

① α は $X^8-1=0$ の根である．

② $1,\alpha,\alpha^2,\alpha^3,\alpha^4$ は $\mathbb{Q}$ 上一次独立か．

③　$\mathbb{Q}(\alpha)$ は $\mathbb{Q}$ 上何次の拡大体か.

④　$G(\alpha, \mathbb{Q}; X)$ を求めよ.

⑤　$\mathbb{Q}(\alpha) \supset \mathbb{Q}(i)$, $\mathbb{Q}(\alpha) \supset \mathbb{Q}(\sqrt{2})$.

⑥　$\mathbb{Q}(\sqrt{2}, i) = \mathbb{Q}(\alpha)$

⑦　$G(\alpha, \mathbb{Q}(\sqrt{2}); X)$ を求めよ.

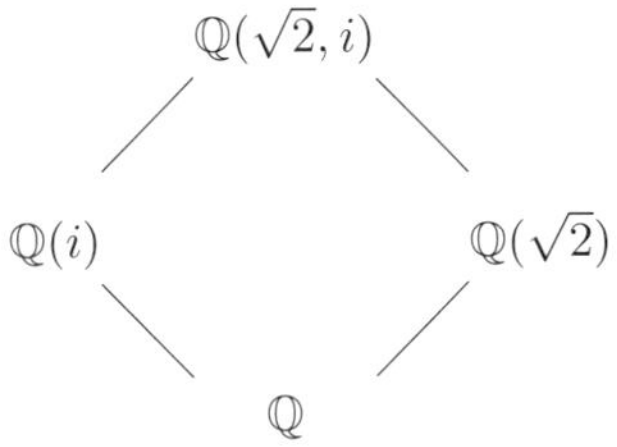

[4]　①　$a + b\sqrt{3} + c\sqrt{5} + d\sqrt{15} + e\sqrt{21} + f\sqrt{35} + g\sqrt{105} = 0$, a, b, c, d, e, f, g はすべて有理数ならば $a = b = c = d = e = f = g = 0$ を示せ.

②　$\alpha = \sqrt{3} + \sqrt{5} + \sqrt{7}$ のとき $G(\alpha, \mathbb{Q}; X)$ を求めよ.

③　$a + b\alpha + c\alpha^2 + d\alpha^3 + e\alpha^4 = 0$, a, b, c, d, e は有理数ならば, $a = b = c = d = e = 0$ を示せ.

④　$\mathbb{Q}(\sqrt{3}, \sqrt{5}, \sqrt{7}) = \mathbb{Q}(\alpha)$ を示せ.

⑤　$\sqrt{3}, \sqrt{5}, \sqrt{7}$ を α の有理数係数の多項式として表わせ.

[5]　$\zeta = \cos \dfrac{2\pi}{17} + i \sin \dfrac{2\pi}{17}$ とする. 次のことを示せ.

①　ζ は $X^{17} - 1 = 0$ の根である.

②　$X^{16} + X^{15} + \cdots + X^2 + X + 1 = 0$ は $\mathbb{Q}$ 上既約方程式であることがわかっている(これの証明は割合面倒なので省く). これを使って, 次を示せ.

$$G(\zeta, \mathbb{Q}; X) = X^{16} + X^{15} + \cdots + X^2 + X + 1$$

③　$G(X) = G(\zeta, \mathbb{Q}; X) = 0$ の根は ζ^i, $1 \leqq i \leqq 16$.

④　$\zeta + \zeta^2 + \zeta^3 + \cdots + \zeta^{16} = -1$

⑤

$$\eta_0 = \zeta + \zeta^{-8} + \zeta^{-4} + \zeta^{-2} + \zeta^{-1} + \zeta^8 + \zeta^4 + \zeta^2$$

$$\eta_1 = \zeta^3 + \zeta^{-7} + \zeta^5 + \zeta^{-6} + \zeta^{-3} + \zeta^7 + \zeta^{-5} + \zeta^6$$

とおくと,

$$\eta_0 + \eta_1 = -1, \qquad \eta_0 \eta_1 = -4$$

であることを示せ. これより η_0, η_1 は, 2 次方程式 $y^2 + y - 4 = 0$ の根である. これより

$$\eta_0 = -\frac{1}{2}+\frac{1}{2}\sqrt{17}, \qquad \eta_1 = -\frac{1}{2}-\frac{1}{2}\sqrt{17}.$$

ヒント　$\eta_0 = (\zeta+\zeta^{-1})+(\zeta^8+\zeta^{-8})+(\zeta^4+\zeta^{-4})+(\zeta^2+\zeta^{-2})$

$$= 2\left(\cos\frac{2\pi}{17}+\cos\frac{16\pi}{17}+\cos\frac{8\pi}{17}+\cos\frac{4\pi}{17}\right) > 0$$

⑥

$$\xi_0 = \zeta+\zeta^{-4}+\zeta^{-1}+\zeta^4, \qquad \xi_1 = \zeta^3+\zeta^5+\zeta^{-3}+\zeta^{-5}$$

$$\xi_2 = \zeta^{-8}+\zeta^{-2}+\zeta^8+\zeta^2, \qquad \xi_3 = \zeta^{-7}+\zeta^{-6}+\zeta^7+\zeta^6$$

とおくと，

$$\xi_0+\xi_2 = \eta_0, \qquad \xi_1+\xi_3 = \eta_1$$

$$\xi_0\xi_2 = -1, \qquad \xi_1\xi_3 = -1$$

を示せ．これより $\xi_0, \xi_2, \xi_1, \xi_3$ はそれぞれ

$$x^2-\eta_0 x-1 = 0, \qquad x^2-\eta_1 x-1 = 0$$

の根である．$\xi_0, \xi_2, \xi_1, \xi_3$ を求めよ．

ヒント　2 次方程式は正根と負根を持つ．①のヒントと同様にして $\xi_0>0$, $\xi_3<0$ を示せ．

⑦　$\lambda^{(1)}=\zeta+\zeta^{-1}$,　$\lambda^{(4)}=\zeta^4+\zeta^{-4}$ とおくと，

$$\lambda^{(1)}+\lambda^{(4)} = \xi_0$$

$$\lambda^{(1)}\lambda^{(4)} = \xi_1$$

よって $\lambda^{(1)}, \lambda^{(4)}$ は

$$u^2-\xi_0 u+\xi_1 = 0$$

の根である．これより $\lambda^{(1)}, \lambda^{(4)}$ を求めよ．

ヒント　2 次方程式は 2 根とも正．

$$\lambda^{(1)} = 2\cos\frac{2\pi}{17} > 2\cos\frac{8\pi}{17} = \lambda^{(4)}$$ を使え．

⑧　ζ は

$$w^2-\lambda^{(1)}w+1=0$$

の根である．ζ を求めよ．

$$\begin{array}{c}\mathbb{Q}(\zeta)\\ \Big|\ 2\text{ 次の拡大}\\ \mathbb{Q}(\eta_0,\xi_0,\lambda^{(1)})\\ \Big|\ 2\text{ 次の拡大}\\ \mathbb{Q}(\eta_0,\xi_0)\\ \Big|\ 2\text{ 次の拡大}\\ \mathbb{Q}(\eta_0)\\ \Big|\ 2\text{ 次の拡大}\\ \mathbb{Q}\end{array}$$

ヒント　$\mathrm{Im}\,\zeta>0$ を使え．

以上より ζ は四則演算と平方根を使って書くことができる．これより ζ が定規とコンパスを使って作図できることが示される．

さて $1,\ \zeta,\ \zeta^2,\cdots,\zeta^{16}$ をガウス平面上に図示すると，ちょうど単位円 $|z|=1$ を 17 等分した点に対応している．このことから，円の 17 等分が，定規とコンパスを使って作図可能であることがわかる．

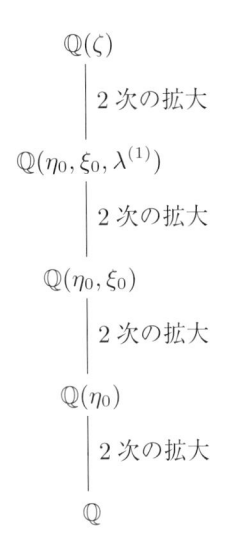

9 多項式環と体の拡大

体 $\boldsymbol{k}$ の拡大 $\boldsymbol{k}(\alpha)/\boldsymbol{k}$ では α の $\boldsymbol{k}$ 上の最小多項式が重要な役割をした．一方，これまでの理論では $\boldsymbol{k}$ に付加する α は既知のものとして扱った．しかし，α から出発するのではなく $\boldsymbol{k}$ 上の既約多項式 $G(X)$ から出発して体の拡大を構成することができる．その準備としてこの章では多項式全体のなす環，多項式環とそのイデアルを考えることにする．まず多項式環を正確に定義しておこう．記号が面倒であるので，一変数の多項式を取り扱うこととする．

定義 1 可換環 R を係数とし，X を変数とする多項式環 $R[X]$ とは，R 係数多項式 $F(X)$

$$F(X)=\sum_{k=0}^{n} a_k X^k, \qquad a_k \in R$$

全体のつくる集合で，多項式 $F(X), G(X)$ の和，積を

$$F(X)=\sum_{k=0}^{n} a_k X^k, \qquad G(X)=\sum_{k=0}^{m} b_k X^k$$

$$F(X)+G(X)=\sum_{k=0}^{\max\{m,n\}} (a_k+b_k)X^k$$

$$F(X)\cdot G(X)=\sum_{k=0}^{m+n}\left(\sum_{i=0}^{k} a_i b_{k-i}\right)X^k$$

と定めたものである．$a_k X^k$ を $F(X)$ の k 次の項といい，a_k を k 次の係数という．$a_k=0$ となるときは $3+5x^2-x^5$ のように k 次の項を通常は記さない．また $F(X)$ の 0 でない最高次の項が n 次のとき，$F(X)$ の次数は n といい $\deg F(X)=n$ と記す．また $F(X)$ は n 次式であるという．

$R[X]$ が可換環になることは定義より容易にわかる．以下重要なのは R が整

数のつくる環 $\mathbb{Z}$(これを通常，有理整数環という)または R が可換体のときである．

さて一般に，環 S の元 a に対して

$$a \cdot x = 1 \qquad (1 \text{ は } S \text{ の単位元})$$

なる S の元 x が存在するとき，a は S の**単元**または**可逆元**と呼ばれる．したがって S が体であれば，零元以外の元はすべて単元(可逆元)である．逆に，環 S の零元以外がすべて単元であれば，S は体である(第 4 章)．

問題 1　R は有理整数環 $\mathbb{Z}$ または可換体とする．次を示せ．

①　$\mathbb{Z}$ の単元(可逆元)は ± 1 である．

②　$R[X]$ の単元(可逆元)は R の単元と一致する．

解答　①　p, q が整数のとき，$p \cdot q = 1$ となるのは，$p = \pm 1$ のときに限るから明らか．

②　$R[X] \ni F(X) = a_0 + a_1 X + \cdots + a_n X^n$, $a_i \in R$, $a_n \neq 0$ が $R[X]$ の単元であったとする．すると

$$G(X) = b_0 + b_1 X + \cdots + b_m X^m, \qquad b_i \in R, \quad b_m \neq 0$$

なる R 係数の多項式が存在して，$F(X) \cdot G(X) = 1$.

一方

$$F(X) \cdot G(X) = a_0 b_0 + (a_1 b_0 + a_0 b_1) X + \cdots + a_n b_m X^{n+m}.$$

そこでもし $F(X)$ の次数が 1 次以上とすると，$F(X) \cdot G(X)$ の次数は 1 次以上となり($a_n \neq 0$, $b_m \neq 0$ だから $a_n b_m \neq 0$)，したがって，$F(X) \cdot G(X) = 1$ であることに矛盾する．したがって $F(X)$ は 0 次式，すなわち

$$F(X) = a_0$$

でなければならない．このとき上の式よりただちに

$$G(X) = b_0 \quad \text{となり，} \ a_0 b_0 = 1$$

すなわち $F(X)=a_0$ は R の単元である．

逆に R の単元であれば，それが $R[X]$ の単元であることは自明である．

次に可換環の理論で重要であるイデアルを定義する．イデアルは数論でも重要な役割をし，非アルキメデス絶対値でも重要な役割をする（→コラム 9-1）．

定義 2　S を可換環とする．S の部分集合 I が次の条件を満足するとき，I を S のイデアルという．

条件

1）　$a, b \in I$ であれば $a \pm b \in I$.

2）　任意の $a \in I$ と S の任意の元 r に対して $ra \in I$.

いささかわかりにくい定義であるが，次の問題を考えてみよう．

問題 2　S の元 $s_1, s_2, \cdots, s_m$ に対して

$$I = \{a_1 s_1 + a_2 s_2 + \cdots + a_m s_m \mid a_i \in S^1, \ \ i = 1, 2, \cdots, m\}$$

とおくと I は S のイデアルであることを示せ．

このイデアルを $s_1, s_2, \cdots, s_m$ から生成されるイデアルといい，$(s_1, s_2, \cdots, s_m)$ と記す．

解答

$$a = a_1 s_1 + a_2 s_2 + \cdots + a_m s_m, \qquad a_i \in S$$

$$b = b_1 s_1 + b_2 s_2 + \cdots + b_m s_m, \qquad b_i \in S$$

とすると

$$a \pm b = (a_1 \pm b_1) s_1 + (a_2 \pm b_2) s_2 + \cdots + (a_m \pm b_m) s_m$$

である．$a_i \pm b_i \in S$ であるので $a \pm b \in I$ である．また $r \in S$ に対して

コラム 9-1　絶対値と付値イデアル

第 3 章の問題 6 において，二つの絶対値が同値であるための必要十分条件について述べた．その十分条件については v が非アルキメデス絶対値のときには以下のようにイデアルの考え方を用いることで示せるので簡単に述べる．

v が非アルキメデス絶対値であれば

$$R = \{a \in \boldsymbol{K} \mid v(a) \leqq 1\}$$

は可換環(第 4 章，定義 1)になる．$a, b \in R$ であれば $v(a+b) \leqq \max\{v(a), v(b)\} \leqq 1$ が成り立ち $a+b \in R$．また $v(ab)=v(a)\cdot v(b) \leqq 1$ より $ab \in R$．これより R が可換環になることは容易に示すことができる．R を v の付値環という．さらに

$$I = \{a \in \boldsymbol{K} \mid v(a) < 1\}$$

とおくと $I \subset R$ は R のイデアル(第 9 章，定義 1)である．これを v の**付値イデアル**という．付値イデアルは 1 個の元 π から生成されることが証明できる．π は R の素元と呼ばれる．(π は一意的には決まらず，$v(c)=1$ である任意の元 c に対して $c \cdot \pi$ も素元になるので，一つ π を選んで以下の議論を行う．) このとき任意の元 $b \in \boldsymbol{K}$ は $\pi^m \cdot c$, $v(c)=1$ と表わすことができ，$v(b)=v(\pi)^m$ となる．付値 v' に対しても同様に v' の付値環 R'，v' の付値イデアル I' と素元 π' が定まる．「$v(a)<1$ であれば $v'(a)<1$」であれば $I \subset I'$ である．$\pi = \pi'^n \cdot c$, $v'(c)=1$ と表わされるが，一方，$\pi' = \pi^m \cdot d$, $v(d)=1$ と表わされることから $m=n=1$ であることを示すことができる．このことから v と v' は同値な絶対値であることがわかる．

$$ra = (ra_1)s_1 + (ra_2)s_2 + \cdots + (ra_m)s_m$$

であり $ra_i \in S$ であるので $ra \in I$ である．したがって I は S のイデアルである．

1 個の元 $\alpha\in S$ より生成されるイデアル (α) は α の "倍数" をすべて集めたものである．1 個の元から生成されるイデアルを**単項イデアル**という．

問題 3

① 有理整数環 $\mathbb{Z}$ のイデアル I はある負でない整数 m の倍数全体，すなわち 0 以上のある整数 m から生成される単項イデアル (m) である．

② 可換体 $\boldsymbol{k}$ を係数とし X を変数とする多項式環 $\boldsymbol{k}[X]$ のイデアルはすべて単項イデアルである．

解答 ① (0) は 0 だけからなる $\mathbb{Z}$ のイデアルである．$I\neq(0)$ とする．$a\in I$ であれば $(-1)\cdot a=-a\in I$ である．したがって I は正整数を必ず含む．そこで I に含まれる正整数のうちで最小のものを m とする．n を I に含まれる正整数とする．n を m で割ると余りが c であれば

$$n = bm+c, \qquad 0 \leqq c < n$$

と書くことができる．このときイデアルの定義より $bm\in I$ であり，したがって $c=n-bm\in I$ である．$c\geqq 1$ であれば $c<m$ より m は I に含まれる最小の正整数でなくなり，仮定に反する．よって $c=0$ である．すなわち I に含まれる正整数 n は m の倍数である．負整数 $-l$ が I の元であれば l も I に含まれる．したがって $l=dm,\ d\in\mathbb{Z}$ と書くことができ，$-l=(-d)\cdot m$ となり $-l$ も m の倍数である．したがって $I=(m)$ である．

② 多項式環 $\boldsymbol{k}[X]$ のイデアル J に対しては $J\neq(0)$ のとき，J に含まれる次数が最小の多項式 $F(X)$ が存在する．そこで J に含まれる任意の多項式 $G(X)$ に対して，$G(X)$ を $F(X)$ で割ると

$$G(X) = A(X)F(X)+B(X),$$
$$A(X),\ B(X) \in \boldsymbol{k}[X], \qquad \deg B(X) < \deg F(X)$$

と書くことができる．$B(X)$ は $G(X)$ を $F(X)$ で割ったときの余りである．$A(X)F(X)\in I,\ B(X)=G(X)-A(X)F(X)\in I$ であるので，$B(X)=0$ でなければ $B(X)$ の次数の方が $F(X)$ の次数より小さくなり $F(X)$ のと

り方に反する．したがって $G(X)=A(X)F(X)$．これは $I=(F(X))$ を意味する．

さて有理整数環 $\mathbb{Z}$ で 6 と 8 から生成されるイデアル $(6,8)$ を考えてみよう．

$$(6,8)=\{6a+8b \mid a,b\in\mathbb{Z}\}$$

上の問題からこのイデアルは 1 個の整数で生成される．今の場合 $2=8-6\in I$ であり，$(6,8)=(2)$ であることは容易にわかる．もっと一般に次の問題を考えてみよう．

問題 4　正整数 $d_1,d_2,\cdots,d_n$ から生成される有理整数環 $\mathbb{Z}$ のイデアル $(d_1,d_2,\cdots,d_n)$ は $d_1,d_2,\cdots,d_n$ の最大公約数を d とすると

$$(d_1,d_2,\cdots,d_n)=(d).$$

特に d_1,d_2 が互いに素であれば $m_1d_1+m_2d_2=1$ となる整数 m_1,m_2 が存在することを示せ．

解答　問題 3 ①より

$$(d_1,d_2,\cdots,d_n)=(m)$$

となる正整数 m が存在する．$d_i\in(m)$ であることは $d_i=a_im$, $a_i\in\mathbb{Z}$ を意味する．したがって m は $d_1,d_2,\cdots,d_n$ の公約数である．一方

$$m\in(d_1,d_2,\cdots,d_n)$$

であるので

$$m=b_1d_1+b_2d_2+\cdots+b_nd_n,\qquad b_i\in\mathbb{Z}$$

と書くことができる．したがって $d_1,d_2,\cdots,d_n$ の最大公約数 d は m を割

りきる．よって $m=d$ である．

このイデアルの考え方を使うことによって以前から何度も使ってきた第 4 章の補題を示すことができる．

問題 5　可換体 $\boldsymbol{k}$ を係数とする多項式 $F(X), G(X)$ が共通因子を持たなければ

$$H_1(X)F(X)+H_2(X)G(X) = 1$$

となる $\boldsymbol{k}$ 係数の多項式 $H_1(X), H_2(X)$ が存在することを示せ．

解答　$F(X), G(X)$ が生成する多項式環 $\boldsymbol{k}[X]$ のイデアル $(F(X), G(X))$ は問題 3 ②より単項イデアルである．

$$(F(X), G(X)) = (D(X)).$$

問題 4 と同様に $D(X)$ は $F(X)$ と $G(X)$ の最大公約因子であることがわかる．仮定から $F(X)$ と $G(X)$ は共通因子を持たないので $D(X)=1$ ととることができる．

さて可換環 S のイデアル I の役割は下の問題 8 にあるように S から剰余環 S/I をつくることができることにある．そのことは体の拡大を構成するときも大切になる．その準備として可換環 S から可換環 R への準同型写像を定義しよう．

定義 3　可換環 S から可換環 R への写像 φ を考える．

$$\varphi : S \longrightarrow R$$

任意の $a, b \in S$ に対して

1）　$\varphi(a+b)=\varphi(a)+\varphi(b)$
2）　$\varphi(ab)=\varphi(a)\varphi(b)$
が成り立つとき，φ は環の**準同型写像**であるという．

問題 6　可換環の準同型写像 $\varphi: S \longrightarrow R$ が与えられたとき，S の零元 0_S と R の零元 0_R に関して $\varphi(0_S)=0_R$ が成り立つことを示せ．

さらに

$$\mathrm{Ker}\,\varphi = \{s \in S \mid \varphi(s) = 0_R\}$$

とおくと $\mathrm{Ker}\,\varphi$ は S のイデアルであることを示せ．$\mathrm{Ker}\,\varphi$ は準同型写像 φ の**核**(kernel)と呼ばれる．

解答

$$0_S = 0_S+0_S$$

であるので

$$\varphi(0_S) = \varphi(0_S+0_S) = \varphi(0_S)+\varphi(0_S).$$

両辺から $\varphi(0_S)$ を引くことによって

$$0_R = \varphi(0_S)$$

が成立する．また

$$a-b = c$$

とすると $a=b+c$．したがって

$$\varphi(a) = \varphi(b+c) = \varphi(b)+\varphi(c)$$

より

$$\varphi(c) = \varphi(a) - \varphi(b)$$

が成り立つ．すなわち

$$\varphi(a-b) = \varphi(a) - \varphi(b).$$

したがって $a, b \in \operatorname{Ker}\varphi$ であれば

$$\varphi(a \pm b) = \varphi(a) \pm \varphi(b) = 0_R \pm 0_R = 0_R$$

であるので

$$a \pm b \in \operatorname{Ker}\varphi.$$

また任意の $s \in S$ に対して

$$\varphi(sa) = \varphi(s)\varphi(a) = \varphi(s)0_R = 0_R$$

が成立するので

$$sa \in \operatorname{Ker}\varphi.$$

よって $\operatorname{Ker}\varphi$ は S のイデアルである．

ところで可換環の準同型写像 $\varphi: S \longrightarrow R$ に対して

$$\operatorname{Im}\varphi = \{\varphi(a) \mid a \in S\}$$

が可換環の構造を持つことは簡単にわかる．特に φ が全射である，すなわち任意の $r \in R$ に対して $\varphi(a) = r$ となる $a \in S$ が存在するときは $\operatorname{Im}\varphi = R$ となる．では一般に $\operatorname{Ker}\varphi$ と $\operatorname{Im}\varphi$ とはどのような関係にあるのだろうか．そのために可換環 S のイデアル I が与えられたときに同値関係 $\underset{I}{\sim}$ を次のように導入する．

定義４　$a \underset{I}{\sim} b$ とは $a-b \in I$ であることを意味する．

$a \underset{I}{\sim} b$ を「a は I を法として b と同値である」と読む．同値関係 $\underset{I}{\sim}$ は次の性質を持っている．

条件

1)　$a \underset{I}{\sim} a$

2)　$a \underset{I}{\sim} b \Longrightarrow b \underset{I}{\sim} a$

3)　$a \underset{I}{\sim} b,\quad b \underset{I}{\sim} c \Longrightarrow a \underset{I}{\sim} c$

一般に条件1)，2)，3)を満足する関係が同値関係と呼ばれる．同値関係は学校で各学年をクラス分けするのと同じように，可換環 S の元をいくつかの類(クラス)に分けるのに使われる．

S の元 a に対して

$$C(a) = \{b \in R \mid a \underset{I}{\sim} b\}$$

と定義し，a のイデアル I に関する同値類と呼ぶ．$a \sim b$ であれば，$C(a)=C(b)$ であることは上の条件1)～3)を使えばただちにわかる．特に重要なことは学校でのクラス分けと同様に

$$C(a) \cap C(d) \neq \varnothing \quad \Longleftrightarrow \quad C(a) = C(d)$$

となることである．もし $b \in C(a) \cap C(d)$ であれば $a \underset{I}{\sim} b$, $d \underset{I}{\sim} b$ となり条件2)より $b \underset{I}{\sim} d$, したがって条件3)より $a \underset{I}{\sim} d$ となり $C(a)=C(d)$ となる．逆は明らか．

このことによって S の元はいくつかの互いに共通部分のないクラスに分けられる．この異なるクラス全体を S/I と記す．これは第4章の演習問題[6]の一般化になっている．次の問題で S/I の意味を考えてほしい．

問題7　$\mathbb{Z}$ を有理整数環とし (n) を正整数 n が生成する $\mathbb{Z}$ のイデアルとする．$m \in \mathbb{Z}$ に対して同値関係 $\underset{(n)}{\sim}$ に関する m の同値類 $C(m)$ は

$$C(m) = \{a \mid a = rn+m,\ r \in \mathbb{Z}\}$$

と表わすことができることを示せ．また

$$\mathbb{Z}/(n) = \{C(0), C(1), C(2), \cdots, C(n-1)\}$$

であることを示せ.

解答 $m \underset{(n)}{\sim} a \Longleftrightarrow m-a \in (n)$ であるが，これは $m-a$ が，したがって $a-m$ も n の倍数であることを意味する.

$$a-m = rn, \qquad r \in \mathbb{Z}.$$

したがって

$$a = rn+m.$$

一方，この形の整数 a は $m \sim a$ となり $C(m)$ に属する.
すべての整数 k は

$$k = ln+m, \qquad l \in \mathbb{Z}, \quad 0 \leqq m \leqq n-1$$

と書き表わすことができるので k は $C(0), C(1), \cdots, C(n-1)$ いずれかに属する.

さて S/I を考える重要性は次の事実にある.

問題 8 可換環 S のイデアル I に対して

$$C(a)+C(b) = C(a+b)$$
$$C(a)\cdot C(b) = C(a\cdot b)$$

と**定義**することによって S/I は可換環の構造を持つことを示せ．S/I をイデアル I による S の**剰余環**という.

解答 第 4 章の定義 1 の条件をみたすことを示そう.

Ⅰ a)

$$C(a)+(C(b)+C(c)) = C(a)+C(b+c)$$
$$= C(a+(b+c)) = C((a+b)+c)$$
$$= C(a+b)+C(c) = (C(a)+C(b))+C(c).$$

Ⅰ b)

$$C(a)+C(b) = C(a+b) = C(b+a) = C(b)+C(a).$$

Ⅰ c)　0 を S の零元とすると

$$C(a)+C(0) = C(a+0) = C(a).$$

また $C(a+0)=C(0+a)=C(0)+C(a)$ より

$$C(a)+C(0) = C(0)+C(a) = C(a).$$

したがって $C(0)$ が S/I の零元である．

Ⅰ d)

$$C(a)+C(-a) = C(a+(-a)) = C(0).$$

もし $C(a)+C(b)=C(0)$ とすると

$$C(a)+C(b) = C(a+b) = C(0)$$

より $a+b \underset{I}{\sim} 0$．これは $a+b \in I$ を意味する．したがって $a+b=d \in I$ と書くことができ $b=-a+d$ となる．これは $b \underset{I}{\sim} -a$ を意味し $C(b)=C(-a)$ である．したがって $C(a)+C(b)=C(0)$ となる $C(b)$ が $C(-a)$ として一意的に決まることがわかった．

Ⅱ a)

$$C(a)\cdot(C(b)\cdot C(c)) = C(a)\cdot C(bc) = C(a\cdot(bc))$$
$$= C((ab)\cdot c) = C(ab)\cdot C(c) = (C(a)\cdot C(b))\cdot C(c).$$

Ⅲ a)

$$C(a)\cdot(C(b)+C(c)) = C(a)\cdot C(b+c)$$
$$= C(a(b+c)) = C(ab+ac) = C(ab)+C(ac)$$
$$= C(a)\cdot C(b)+C(a)\cdot C(c).$$

S は可換環であるので

$$C(a)\cdot C(b) = C(ab) = C(ba) = C(b)\cdot C(a)$$

となり S/I も積は可換であることがわかる．このことからⅢ a)からⅢ b)が成り立つことがわかり，S/I は可換環である．

今回は議論が少々抽象的であったので具体的な例を演習問題とする．

本章の議論は次章の拡大体の構成で大切な役割をする．

第9章　演習問題

［1］　①　$\mathbb{Z}/(6)=\{C(0), C(1), C(2), C(3), C(4), C(5)\}$ では

$$C(2)\cdot C(3) = C(0)$$

であることを示せ．$C(0)$ は環 $\mathbb{Z}/(6)$ の零元である．$C(2)\neq C(0)$, $C(3)\neq C(0)$ であるが $C(2)\cdot C(3)$ は零元となる．このように零元ではないが，かけると零元となる環の元を**零因子**と呼ぶ．

②　$\mathbb{Z}/(21)$ は零因子を持つことを示せ．

［2］　①　$\mathbb{Z}/(5)$ は零因子を持たないことを示せ．

②　$\mathbb{Z}/(5)$ は体であることを示せ．

［3］　零因子を持つ可換環は可換体にはならないことを示せ．

［4］　自然数 n が合成数であれば $\mathbb{Z}/(n)$ は零因子を持つことを示せ．

［5］　素数 p に対して $\mathbb{Z}/(p)$ は標数 p の体であることを示せ．

10 拡大体の構成

第8章まででは主として複素数体 $\mathbb{C}$ の部分体として体の拡大を考えてきた．しかし標数 $p \geqq 2$ の体は複素数体の部分体にはならない．そこで，この章では体 $\boldsymbol{k}$ の有限次拡大をつくる方法を前章の議論をもとに考える．

以下では，二つの体を較べる必要がある．そこで体の同型写像をまず定義しよう．

定義 1　$\boldsymbol{k}_1, \boldsymbol{k}_2$ を二つの体とする．φ が $\boldsymbol{k}_1$ から $\boldsymbol{k}_2$ の中への写像(単射)で次の条件をみたすとき，φ を $\boldsymbol{k}_1$ から $\boldsymbol{k}_2$ の**単射同型写像**という．また，φ が上への写像(全射)であるとき $\boldsymbol{k}_1$ から $\boldsymbol{k}_2$ の**全射同型写像**または単に同型写像という．また $\boldsymbol{k}_1=\boldsymbol{k}_2$ のとき，全射同型写像 φ を $\boldsymbol{k}_1$ の**自己同型写像**という．

イ）　$\varphi(1)=1$　ただし( )の中の1は $\boldsymbol{k}_1$ の単位元
右辺の1は $\boldsymbol{k}_2$ の単位元

ロ）　φ は環の準同型写像である．すなわち

$$\varphi(a+b) = \varphi(a)+\varphi(b), \qquad a, b \in \boldsymbol{k}_1$$

$$\varphi(a \cdot b) = \varphi(a) \cdot \varphi(b)$$

特に $\boldsymbol{k} \subset \boldsymbol{k}_1, \boldsymbol{k} \subset \boldsymbol{k}_2$ なる共通の部分体 $\boldsymbol{k}$ があって φ は $\boldsymbol{k}$ 上では恒等写像，すなわち

$$\varphi(a) = a, \qquad a \in \boldsymbol{k}$$

が成立するとき，φ は $\boldsymbol{k}$ 上の $\boldsymbol{k}_1$ から $\boldsymbol{k}_2$ の単射あるいは全射同型写像という．また $\boldsymbol{k}_1=\boldsymbol{k}_2$ のときは $\boldsymbol{k}$ 上の全射同型写像 φ は $\boldsymbol{k}$ 上の $\boldsymbol{k}_1$ の自己同型写像という．

問題 1　φ は $\boldsymbol{k}_1$ から $\boldsymbol{k}_2$ への単射同型写像とする．次を示せ．

① イ）　$\varphi(0)=0$

ロ）　$\varphi(a-b)=\varphi(a)-\varphi(b), \qquad a, b \in \boldsymbol{k}_1$

ハ）　$\varphi(a^{-1})=\varphi(a)^{-1}, \qquad a \in \boldsymbol{k}_1$

② イ）　$\varphi(a)=0$ なる $\boldsymbol{k}_1$ の元は $a=0$ のみである．

ロ）　$\boldsymbol{k}_2$ の元 α に対し $\varphi(a)=\alpha$ なる $\boldsymbol{k}_1$ の元は高々 1 個しか存在しない．

解答　① イ）　$0+0=0$ より $\varphi(0+0)=\varphi(0)$

$$\therefore \quad \varphi(0)+\varphi(0)=\varphi(0) \qquad \therefore \quad \varphi(0)=0$$

ロ）　$\varphi(a)=\varphi(a-b+b)=\varphi(a-b)+\varphi(b)$

$$\therefore \quad \varphi(a-b)=\varphi(a)-\varphi(b)$$

ハ）　$1=\varphi(1)=\varphi(a\cdot a^{-1})=\varphi(a)\cdot\varphi(a^{-1})$

$$\therefore \quad \varphi(a^{-1})=\varphi(a)^{-1}$$

② イ）　①イ）より $\varphi(0)=0$

もし $a\neq0$ に対して $\varphi(a)=0$ とすると

$$\begin{aligned} 1 &= \varphi(1)=\varphi(a\cdot a^{-1})=\varphi(a)\cdot\varphi(a^{-1}) \\ &= 0\cdot\varphi(a^{-1})=0 \end{aligned}$$

となって矛盾．

ロ）　$\varphi(a_1)=\alpha$, $\varphi(a_2)=\alpha$ とする．

$$\varphi(a_1-a_2)=\varphi(a_1)-\varphi(a_2)=\alpha-\alpha=0.$$

よってイ）より

$$a_1 - a_2 = 0 \qquad \therefore \quad a_1 = a_2$$

以上の準備のもとに次の問題を考えてみよう．以後，一変数の多項式環しか考えないので単に多項式環ということにする．

問題 2　$\mathbb{R}$ を実数体とし $\mathbb{R}[X]$ を実数係数の多項式がなす多項式環とする．X^2+1 は $\mathbb{R}[X]$ で既約(因数分解できない)である．

① 剰余環 $\mathbb{R}[X]/(X^2+1)$ は体であることを示せ．

② さらにこの体は複素数体と同型であることを示せ．

解答　① 多項式 $f(X) \in \mathbb{R}[X]$ に対してイデアル $I=(X^2+1)$ に関する $f(X)$ の同値類を $\overline{f(X)}$ と記す(前章では $C(f(X))$ と記した)．前章の問題 5 によって，$f(X)$ が X^2+1 を因子に持たなければ

$$A(X)f(X)+B(X)(X^2+1) = 1$$

となる $A(X), B(X) \in \mathbb{R}[X]$ が存在することがわかる．よって

$$\overline{A(X)} \cdot \overline{f(X)} = \overline{1}$$

である．$\overline{1}$ は $\mathbb{R}[X]/(X^2+1)$ の単位元であるので $\overline{f(X)} \neq \overline{0}$ であれば逆元が存在する．したがって $\mathbb{R}[X]/(X^2+1)$ は体である．

② $f(X)$ を X^2+1 で割ると

$$f(X) = d(X)(X^2+1)+aX+b$$

となるので虚数単位 i に対して

$$f(i) = ai+b$$

となる．したがって $\overline{f(X)}$ に含まれるどの多項式 $\widetilde{f}(X)$ に対しても $\widetilde{f}(i) = ai+b$ となる．そこで

$$\begin{aligned}\varphi : \mathbb{R}[X]/(X^2+1) &\longrightarrow \mathbb{C}\\ \overline{f(X)} &\longmapsto f(i)\end{aligned}$$

と写像 φ を定義することができる．すると

$$\begin{aligned}\varphi(\overline{f(X)}+\overline{g(X)}) &= \varphi(\overline{f(X)+g(X)}) = f(i)+g(i)\\ &= \varphi(\overline{f(X)})+\varphi(\overline{g(X)})\\ \varphi(\overline{f(X)}\cdot\overline{g(X)}) &= \varphi(\overline{f(X)g(X)}) = f(i)g(i)\\ &= \varphi(\overline{f(X)})\cdot\varphi(\overline{g(X)})\end{aligned}$$

が成り立ち，φ は環の準同型写像であることがわかる．しかも $\varphi(\overline{aX+b})=ai+b$ であるので φ は全射である．また $\varphi(\overline{h(X)})=0$ であれば $h(i)=0$ であり，$h(X)\in\mathbb{R}[X]$ より $-i$ も $h(X)$ の根である．したがって $h(X)$ は X^2+1 を因子として持ち $\overline{h(X)}=\overline{0}$ である．よって φ は単射である．これより φ は環の同型写像であることがわかる．特に $\varphi(1)=1$ である．したがって φ は体の同型写像である．よって，$\mathbb{R}[X]/(X^2+1)$ は複素数体 $\mathbb{C}$ と同型である．

上の写像 φ のかわりに

$$\overline{\varphi}(\overline{f(X)}) = f(-i)$$

と定義しても $\mathbb{R}[X]/(X^2+1)$ から $\mathbb{C}$ への体の同型写像を定義することができる．この証明は上と同様にできるので読者にまかせる．体 $\mathbb{R}[X]/(X^2+1)$ では

$$\overline{X}^2 = -\overline{1}$$

である．したがって $\overline{X}=i$ または $-i$ と考えることができる．

上の議論で重要だったところは $\overline{f(X)}\neq\overline{0}$ のとき前章の問題 5 を使って $\overline{f(X)}$ の逆元が存在することを示すところである．このことに注意すれば次の問題を解くのはそれほど難しくないであろう．

問題３　体 $\boldsymbol{k}$ を係数とする多項式環 $\boldsymbol{k}[X]$ を考える．$f(X)\in\boldsymbol{k}[X]$ は $\boldsymbol{k}[X]$ で既約である（次数の低い $\boldsymbol{k}$ 係数の 1 次以上の多項式の積ではない）と仮定すると剰余環 $K=\boldsymbol{k}[X]/(f(X))$ は体であることを示せ．さらに $f(X)$ の次数を n とすると K は $\boldsymbol{k}$ の n 次拡大体であることを示せ．

解答　問題 2 と同様に $g(X)\in\boldsymbol{k}[X]$ のイデアル $(f(X))$ に関する同値類を $\overline{g(X)}$ と記す．$\overline{g(X)}\neq\overline{0}$ であれば $g(X)$ は $f(X)$ で割りきれない．$f(X)$ は既約であるので $g(X)$ と $f(X)$ は共通因子を持たない．したがって前章の問題 5 より

$$h(X)g(X)+g(X)f(X)=1$$

となる．したがって

$$\overline{h(X)}\ \overline{g(X)}=\overline{1}$$

となり $\overline{g(X)}$ には逆元が存在する．したがって $K=\boldsymbol{k}[X]/(f(X))$ は体である．さらに $\boldsymbol{k}$ の元 a と $\overline{a}\in K$ とは同一視できるので $\boldsymbol{k}\subset K$ と考えることができる．一方，$\boldsymbol{k}[X]$ の任意の多項式を n 次多項式 $f(X)$ で割った余りは $n-1$ 次以下の多項式である．したがって $K=\{\overline{g(X)}\mid\deg g(X)\leqq n-1\}$ と書くことができ，

$$1,\quad \overline{X},\quad \overline{X}^2,\quad \cdots,\quad \overline{X}^{n-1}$$

が K の $\boldsymbol{k}$ 上の底であり，K は $\boldsymbol{k}$ 上の n 次拡大体である．

具体的な場合を考えてみよう．$\mathbb{F}_5=\mathbb{Z}/(5)$ の場合を考える．体 $\mathbb{Z}/(5)$ を以下 $\mathbb{F}_5$ と記すことにする．すると，$\mathbb{F}_5=\{\overline{0},\overline{1},\overline{2},\overline{3},\overline{4}\}$ と記すことができる．

問題４　$\mathbb{F}_5=\mathbb{Z}/(5)$ 係数の多項式環 $\mathbb{F}_5[X]$ において次の多項式は既約であるか．

イ)　$X^2+\overline{1}$

ロ)　$X^2+\overline{2}$

ハ)　$X^2+X+\overline{1}$

ニ)　$X^2+\overline{3}X+\overline{2}$

解答　イ)　$\overline{5}=\overline{0}$ より $\overline{5}X+\overline{5}=\overline{0}$. したがって, $X^2+\overline{1}=X^2+\overline{5}X+\overline{6}=(X+\overline{2})(X+\overline{3})$.
よって可約. あるいは方程式

$$X^2+\overline{1}=\overline{0}$$

を考えると $X=\overline{2}$, $X=\overline{3}$ が解であるので ($\overline{2}^2+\overline{1}=\overline{5}=\overline{0}$, $\overline{3}^2+\overline{1}=\overline{10}=\overline{0}$)

$$X^2+\overline{1}=(X-\overline{2})(X-\overline{3})$$

としてもよい. $-\overline{2}=\overline{3}$, $-\overline{3}=\overline{2}$ であるので上の結果ともちろん一致する.

ロ)～ニ)　X に $\overline{0}, \overline{1}, \overline{2}, \overline{3}, \overline{4}$ を代入してみる.

X	$\overline{0}$	$\overline{1}$	$\overline{2}$	$\overline{3}$	$\overline{4}$
X^2	$\overline{0}$	$\overline{1}$	$\overline{4}$	$\overline{4}$	$\overline{1}$
$X^2+\overline{2}$	$\overline{2}$	$\overline{3}$	$\overline{1}$	$\overline{1}$	$\overline{3}$
$X^2+X+\overline{1}$	$\overline{1}$	$\overline{3}$	$\overline{2}$	$\overline{3}$	$\overline{1}$
$X^2+\overline{3}X+\overline{2}$	$\overline{2}$	$\overline{1}$	$\overline{2}$	$\overline{0}$	$\overline{0}$

これより

$$X^2+\overline{3}X+\overline{2}=(X-\overline{3})(X-\overline{4})$$

となり可約である. 一方, $X^2+\overline{2}$ と $X^2+X+\overline{1}$ が $\mathbb{F}_5[X]$ で可約であれば 1 次の因子を持ち, したがって $\mathbb{F}_5$ に根を持つ. しかし上の計算から両者とも $\mathbb{F}_5$ に根を持たないので $X^2+\overline{2}$, $X^2+X+\overline{1}$ は既約である.

問題 3 と問題 4 によって $\mathbb{F}_5[X]/(X^2+\overline{2})$, $\mathbb{F}_5[X]/(X^2+X+\overline{1})$ は $\mathbb{F}_5$ の 2 次拡

大体であることがわかった．実は次の一見不思議な事実が成り立つ．

問題 5　体 $K_1=\mathbb{F}_5[X]/(X^2+\overline{2})$ と $K_2=\mathbb{F}_5[Y]/(Y^2+Y+\overline{1})$ は同型な体であることを示せ．

解答　$X=Y-\overline{2}$ とおくと

$$\begin{aligned}X^2+\overline{2} &= (Y-\overline{2})^2+\overline{2} = Y^2-\overline{4}Y+\overline{4}+\overline{2}\\ &= Y^2+Y+\overline{1}\end{aligned}$$

が成り立つ．

$$K_1 = \{a+b\overline{X} \mid a, b \in \mathbb{F}_5\}$$

と書けるので

$$\begin{aligned}\psi : K_1 &\longrightarrow K_2\\ a+bX &\longmapsto a+b(\overline{Y}-\overline{2}) = a-\overline{2}b+b\overline{Y}\end{aligned}$$

と写像を定義する．これが体の同型写像であることを示す．$\psi(\overline{1})=\overline{1}$ は定義から明らか．

K_1 で

$$\begin{aligned}(a+b\overline{X})(a'+b'\overline{X}) &= aa'+(ab'+a'b)\overline{X}+bb'\overline{X}^2\\ &= (aa'-\overline{2}bb')+(ab'+a'b)\overline{X}\end{aligned}$$

が成立する．したがって

$$\psi((a+b\overline{X})(a'+b'\overline{X})) = \{aa'-\overline{2}bb'-\overline{2}(ab'+a'b)\}+(ab'+a'b)\overline{Y}.$$

一方，

$$\begin{aligned}\psi(a+b\overline{X}) &= (a-\overline{2}b)+b\overline{Y}\\ \psi(a'+b'\overline{X}) &= (a'-\overline{2}b')+b'\overline{Y}.\end{aligned}$$

そこで $\overline{Y}^2=-\overline{Y}-\overline{1}$ を使うと

$$\{(a-\overline{2}b)+b\overline{Y}\}\{(a'-\overline{2}b')+b'\overline{Y}\}$$
$$=(a-\overline{2}b)(a'-\overline{2}b')+\{(a-\overline{2}b)b'+(a'-\overline{2}b')b\}\overline{Y}+bb'\overline{Y}^2$$
$$=\{(a-\overline{2}b)(a'-\overline{2}b')-bb'\}+\{(a-\overline{2}b)b'+(a'-\overline{2}b')b-bb'\}\overline{Y}$$
$$=\{aa'-\overline{2}(ab'+a'b)+\overline{3}bb'\}+(ab'+a'b-\overline{4}bb'-bb')\overline{Y}$$
$$=\{aa'-\overline{2}bb'-\overline{2}(ab'+a'b)\}+(ab'+a'b)\overline{Y}.$$

したがって

$$\psi((a+b\overline{X})(a'+b'\overline{X}))=\psi(a+b\overline{X})\psi(a'+b'\overline{X}).$$

これより ψ が体の同型写像であることがわかる．

$$K_2=\{\alpha+\beta\overline{Y}\mid\alpha,\beta\in\mathbb{F}_5\}$$

と書くことができるので ψ が全射であることも明らか．

問題 6　体 $\boldsymbol{k}$ を係数とする多項式全体のなす多項式環 $\boldsymbol{k}[X]$ で $f(X)\in\boldsymbol{k}[X]$ は既約とする．体 $\boldsymbol{K}=\boldsymbol{k}[X]/(f(X))$ でイデアル (X) に関する同値類に対応する $\boldsymbol{K}$ の元を a と記すと，$\boldsymbol{K}[X]$ では $f(X)$ は

$$f(X)=(X-a)^m g(X),\qquad g(X)\in\boldsymbol{K}[X]$$

と因数分解される．ただし $g(a)\neq 0$ である．

解答

$$f(X)=a_0+a_1X+a_2X^2+\cdots+a_nX^n$$

とすると

$$\overline{f(X)}=a_0+a_1\overline{X}+a_2\overline{X}^2+\cdots+a_n\overline{X}^n=0$$

である．$\overline{X}=a$ とおいたので $f(a)=0$ である．したがって多項式環 $\boldsymbol{K}[X]$

で

$$f(X) = (X-a)g_1(X), \qquad g_1(X) \in \boldsymbol{K}[X]$$

と因数分解できる（$f(X)$ を $X-a$ で割れば $f(X)=g_1(X)(X-a)+b$, $b\in\boldsymbol{K}$, $g_1(X)\in\boldsymbol{K}[X]$ と書くことができる．$f(a)=0$ より $b=0$）．$g_1(a)=0$ であればさらに

$$g_1(X) = (X-a)g_2(X), \qquad g_2(X) \in \boldsymbol{K}[X]$$

と因数分解できる．この操作を繰り返すことによって問題の形の因数分解ができる．

たとえば有理数体 $\boldsymbol{k}=\mathbb{Q}$ で考えるとき，X^2-2 は $\mathbb{Q}[X]$ で既約である．しかし $\boldsymbol{K}=\mathbb{Q}[X]/(X^2-2)\simeq\mathbb{Q}(\sqrt{2})$ では

$$X^2-2 = (X-\sqrt{2})(X+\sqrt{2})$$

と因数分解できる．この例からわかるように，体の拡大 $\boldsymbol{K}=\boldsymbol{k}[X]/(f(X))$ は $f(\alpha)=0$ となる $\alpha\in\boldsymbol{K}$ を新たにつくり出している．このように考えると，一般の可換体 $\boldsymbol{k}$ に対して，$\boldsymbol{k}[X]$ の既約多項式 $f(X)$ の根の一つが体 $\boldsymbol{K}=\boldsymbol{k}[X]/(f(X))$ に含まれることがわかる．この根を α とすると $\boldsymbol{K}=\boldsymbol{k}(\alpha)$ と考えることができる．実際

$$\boldsymbol{K} = \{b_0+b_1\alpha+b_2\alpha^2+\cdots+b_{n-1}\alpha^{n-1} \mid b_i \in \boldsymbol{k},\ i = 0, 1, \cdots, n-1\}$$

と見ることができる．大切なことは $\boldsymbol{k}=\mathbb{Q}$ の場合と違って一般には $\boldsymbol{K}$ がどのような体に含まれるかはあらかじめ知っておく必要がないことである．ただしこのことは逆に複素数体 $\mathbb{C}$ の部分体で考える場合には注意を要することになる．たとえば X^3-2 は $\mathbb{Q}[X]$ で既約であり，$\mathbb{C}[X]$ では

$$X^3-2=(X-\sqrt[3]{2})(X-\sqrt[3]{2}\omega)(X-\sqrt[3]{2}\omega^2)$$
$$\omega=\frac{-1+\sqrt{3}i}{2},\qquad \omega^3=1$$

と因数分解できる．

問題 7　$\boldsymbol{K}=\mathbb{Q}[X]/(X^3-2)$ は $\mathbb{Q}(\sqrt[3]{2})$ と体として同型であることを示せ．また $\boldsymbol{K}$ は $\mathbb{Q}(\sqrt[3]{2}\omega)$ とも体として同型であることを示せ．

解答

$$\begin{array}{rcl} \psi_1:\boldsymbol{K}=\mathbb{Q}[X]/(X^3-2) & \longrightarrow & \mathbb{Q}(\sqrt[3]{2}) \\ \overline{g(X)} & \longmapsto & g(\sqrt[3]{2}) \\ \psi_2:\boldsymbol{K}=\mathbb{Q}[X]/(X^3-2) & \longrightarrow & \mathbb{Q}(\sqrt[3]{2}\omega) \\ \overline{g(X)} & \longmapsto & g(\sqrt[3]{2}\omega) \end{array}$$

はともに体の全射同型写像であることは，問題 2 と同様の議論で示すことができる．各自試みられたい．

第10章 演習問題

［1］ 可換体 $\boldsymbol{k}$ を係数とする多項式 $f(X)$ が $\alpha\in\boldsymbol{k}$ に対して $f(\alpha)=0$ であれば

$$f(X)=(X-\alpha)g(X),\qquad g(X)\in\boldsymbol{k}[X]$$

と因数分解できることを示せ．

［2］ 方程式 $X^p-X+\overline{1}=\overline{0}$ が標数 p の体 $\boldsymbol{k}$ 内に根 α を持てば，$\alpha+\overline{1}$, $\alpha+\overline{2}$, $\ldots$, $\alpha+\overline{p-1}$ もこの方程式の根であることを示せ．ただし $\overline{1}$ は $\boldsymbol{k}$ の単位元，$\overline{m}$ は $\overline{1}$ を m 回足したものである．

［3］ 多項式 $X^2-\overline{2}$ は有限体 $\mathbb{F}_5$ 上の多項式環 $\mathbb{F}_5[X]$, $\mathbb{F}_{11}[X]$ では既約であ

るが，$\mathbb{F}_7[X]$ では可約であることを示せ．ただし素数 p に対して体 $\mathbb{Z}/(p)$ を $\mathbb{F}_p$ と記す．

[4] ① 1の3乗根 $\omega=\dfrac{-1+\sqrt{3}i}{2}$ に対して $\mathbb{R}(\omega)=\mathbb{C}$ を示せ．

② 体 $\mathbb{R}[X]/(X^2+X+1)$ は複素数体 $\mathbb{C}$ に同型であることを示せ．

11 ガロアの夢

第9章の定義3で，可換環 R_1, R_2 に対して**準同型写像** $\varphi: R_1 \longrightarrow R_2$ は

$$\varphi(a+b) = \varphi(a)+\varphi(b) \tag{1}$$

$$\varphi(ab) = \varphi(a)\varphi(b) \tag{2}$$

をみたす写像として定義した．さらに R_1 の単位元1を R_2 の単位元1にうつす環の準同型写像 $\varphi: R_1 \longrightarrow R_2$ は可換環 R_1 と可換環 R_2 とがどれくらい似ているかを計る指標であるが，一般に φ は単射(中への一対一写像)ではなく，同型写像になるとは限らない．たとえば，体 $\boldsymbol{K}$ 上の一変数多項式環 $\boldsymbol{K}[X]$ と $\boldsymbol{K}$ 係数の多項式 $f(X)$ に対して

$$\begin{array}{rcl} \psi: \boldsymbol{K}[X] & \longrightarrow & \boldsymbol{K}[X]/(f(X)) \\ g(X) & \longmapsto & \overline{g(X)} \end{array}$$

は環の準同型写像である．ψ は全射(上への写像)であるが単射ではない．イデアル $(f(X))$ に属する多項式はすべて $\boldsymbol{K}[X]/(f(X))$ の零元 $\overline{0}$ にうつされるからである．可換環 R_1, R_2 が単位元を持つ場合は，環の準同型写像 φ に関しては単位元を単位元にうつす，すなわち

$$\varphi(1) = 1 \tag{3}$$

となることを要請することが多い．上の準同型写像 ψ はこの条件(3)をみたしているが，単射ではない．

しかし，R_1 が可換体 $\boldsymbol{k}$ であるときは，環の準同型写像の定義(1), (2), (3)から φ は単射であることが示される．このことから，体の同型写像の定義では体 $\boldsymbol{k}_1$ から体 $\boldsymbol{k}_2$ への写像 $\varphi: \boldsymbol{k}_1 \longrightarrow \boldsymbol{k}_2$ が条件(1), (2), (3)をみたすことを要

請するだけで，それ以上の条件を課す必要がない．φ に関するこの三つの条件から φ は単射(中への一対一の写像)であり，$\varphi(\boldsymbol{k}_1)$ は $\boldsymbol{k}_2$ の部分体であることが出てくることは驚くべきことである．そのことは体の公理(第 4 章，定義 4)をみたすものはたくさんあるにもかかわらず，体そのものが零元以外の元はすべて可逆であるという極めて強い性質を有していることに由来する．

体 $\boldsymbol{k}_1$ から自分自身への全射同型写像(第 10 章の定義 1 で述べたように，自己同型写像と呼ぶ)の全体の構造を調べることがこの章の主要テーマである．特に重要なのは $\boldsymbol{k}_1/\boldsymbol{k}$ が n 次拡大で $\boldsymbol{k}_1$ の自己同型写像 $\psi: \boldsymbol{k}_1 \longrightarrow \boldsymbol{k}_1$ が $\boldsymbol{k}$ 上恒等写像の場合である．

定義 1　体 $\boldsymbol{k}_1$ が体 $\boldsymbol{k}$ の拡大体のとき $\boldsymbol{k}_1$ の自己同型写像 ψ が

$$\psi(a) = a, \qquad a \in \boldsymbol{k}$$

をみたすとき，ψ を $\boldsymbol{k}$ 上の自己同型写像という．$\boldsymbol{k}$ 上の $\boldsymbol{k}_1$ の自己同型写像の全体を $\mathrm{Aut}_{\boldsymbol{k}}(\boldsymbol{k}_1)$ と記す．

問題 1

①　複素数体 $\mathbb{C}$ から $\mathbb{C}$ への写像 φ を

$$\varphi(\alpha) = \bar{\alpha} \qquad (\bar{\alpha} \text{ は } \alpha \text{ の複素共役})$$

とすると φ は $\mathbb{R}$ 上の $\mathbb{C}$ の自己同型写像であることを示せ．

②　$\boldsymbol{k}_1 = \mathbb{Q}(\sqrt{m})$，$\boldsymbol{k}_1$ の元は $a+b\sqrt{m}$, $a, b \in \mathbb{Q}$ と書ける(→第 4 章，問題 7)．ただし $|m|$ は平方数ではない自然数とし

$$\sqrt{m} = \begin{cases} \sqrt{m} & m > 0 \\ \sqrt{|m|}\, i & m < 0 \end{cases}$$

$$\varphi(a+b\sqrt{m}) = a-b\sqrt{m}$$

とおく．φ は $\mathbb{Q}$ 上の $\boldsymbol{k}_1$ の自己同型写像であることを示せ．

解答 ① φ が(1), (2), (3)をみたすことは容易にわかる．

また α が実数ならば $\alpha=\bar{\alpha}$ より $\varphi(\alpha)=\alpha$ となるから φ は $\mathbb{R}$ 上の自己同型写像．

② (1), (2), (3)をみたすことは容易にわかる．

α が有理数ならば $\varphi(\alpha)=\alpha$ も明らか．

問題 2 $\boldsymbol{k}\subset\boldsymbol{k}_1$ を二つの体とする．φ は $\boldsymbol{k}$ 上の $\boldsymbol{k}_1$ の自己同型写像とする．

$F(X)$ を $\boldsymbol{k}$ 上の多項式とし，$\alpha\in\boldsymbol{k}_1$ を $F(X)=0$ の根とする．このとき $\alpha'=\varphi(\alpha)$ も $F(X)=0$ の根である．

解答

$$F(X) = a_0+a_1X+a_2X^2+\cdots+a_nX^n, \qquad a_i \in \boldsymbol{k}, \quad 1 \leqq i \leqq n$$

$$0 = F(\alpha) = a_0+a_1\cdot\alpha+a_2\cdot\alpha^2+\cdots+a_n\cdot\alpha^n$$

$$\therefore \quad 0 = \varphi(0) = \varphi(F(\alpha))$$

$$= \varphi(a_0)+\varphi(a_1)\cdot\varphi(\alpha)+\varphi(a_2)\cdot\varphi(\alpha^2)+\cdots+\varphi(a_n)\cdot\varphi(\alpha^n)$$

φ は $\boldsymbol{k}$ 上の $\boldsymbol{k}_1$ の自己同型写像より

$$\varphi(a_i) = a_i, \qquad 1 \leqq i \leqq n$$

また $\varphi(\alpha^n)=\varphi(\alpha)^n=\alpha'^n$ より

$$a_0+a_1\cdot\alpha'+a_2\cdot\alpha'^2+\cdots+a_n\cdot\alpha'^n = 0$$

$$\therefore \quad F(\alpha') = 0$$

問題 1，2 より $F(X)=0$ が実数係数の方程式であれば $F(\alpha)=0$ のとき $F(\bar{\alpha})=0$ なることがわかった．これはよく知られた事実である．

さて，ここでもう一つ新しい代数系として群を定義する．

定義 2　集合 G の任意の二つの元 g_1, g_2 に対して積 $g_1 \cdot g_2$ が定義され，以下の性質を持つとき
$(G, \cdot)$ あるいは単に G を**群**と呼ぶ．
(G1)（結合法則）　G の任意の三つの元 g_1, g_2, g_3 に対して

$$g_1 \cdot (g_2 \cdot g_3) = (g_1 \cdot g_2) \cdot g_3$$

(G2)（単位元）　G の任意の元 g に対して

$$g \cdot e = e \cdot g = g$$

となる元 $e \in G$ が存在する．e を G の**単位元**と呼ぶ．
(G3)（逆元）　G の任意の元 g に対して

$$g \cdot h = h \cdot g = e$$

をみたす元 $h \in G$ が存在する．h を g の**逆元**といい，g^{-1} と記す．

群は体の定義から加法に関する部分を取り去ったものと見ることができる．事実，体 $\boldsymbol{k}$ から零元を除いたもの $\boldsymbol{k}^{\times} = \{a \in \boldsymbol{k} \mid a \neq 0\}$ は体の積に関して群になる（章末の演習問題[1]を参照）．

群の積 $g_1 \cdot g_2$ はしばしば積の記号・を省略して $g_1 g_2$ と記す．また $\underbrace{g \cdot g \cdot \cdots \cdot g}_{n}$ を g^n，$\underbrace{g^{-1} \cdot g^{-1} \cdot \cdots \cdot g^{-1}}_{n}$ を g^{-n} と略記する．

ところで上の群の定義で(G2)の条件をみたす e が唯一つしか存在しないこと，同様に(G3)の条件をみたす h は唯一つしか存在しないことは明言していないが(G1), (G2), (G3)からこれらのことを証明することができる（章末の演習問題[2]を参照）．

問題 3　$\boldsymbol{k}$ が体 $\boldsymbol{k}_1$ の部分体のとき，$\boldsymbol{k}$ 上の $\boldsymbol{k}_1$ の自己同型写像の全体 $G = \mathrm{Aut}_{\boldsymbol{k}}(\boldsymbol{k}_1)$（定義 1）に対して積・を写像の合成 ∘ によって定義する．

$$\varphi_1 \cdot \varphi_2 = \varphi_1 \circ \varphi_2$$

すなわち

$$(\varphi_1 \cdot \varphi_2)(a) = \varphi_1(\varphi_2(a)), \qquad a \in \boldsymbol{k}_1.$$

このとき G は群になることを示せ．この群を $\boldsymbol{k}_1$ の $\boldsymbol{k}$ 上の**自己同型群**という．

解答 群の定義(G1)～(G3)をみたすことを示す．

(G1)　$\varphi_1, \varphi_2, \varphi_3 \in \mathrm{Aut}_{\boldsymbol{k}}(\boldsymbol{k}_1)$, $a \in \boldsymbol{k}_1$ に対して

$$\begin{aligned} \{\varphi_1 \cdot (\varphi_2 \cdot \varphi_3)\}(a) &= \varphi_1((\varphi_2 \cdot \varphi_3)(a)) \\ &= \varphi_1(\varphi_2(\varphi_3(a))) = (\varphi_1 \cdot \varphi_2)(\varphi_3(a)) \\ &= \{(\varphi_1 \cdot \varphi_2) \cdot \varphi_3\}(a). \end{aligned}$$

(G2)　恒等写像を e と記すと

$$e(a) = a, \qquad a \in \boldsymbol{k}_1.$$

このとき

$$(\varphi \cdot e)(a) = \varphi(e(a)) = \varphi(a) = e(\varphi(a)) = (e \cdot \varphi)(a).$$

よって

$$\varphi \cdot e = e \cdot \varphi = \varphi.$$

(G3)　$\varphi \in G$ に対してその逆写像($\varphi(a)=b$ のとき b に a を対応させてできる写像．φ は全単射(一対一の上への写像)であるので逆写像が定義できる)を φ^{-1} と記すと

$$\varphi \cdot \varphi^{-1} = \varphi^{-1} \circ \varphi = e.$$

次に $\mathrm{Aut}_{\boldsymbol{k}}(\boldsymbol{k}_1)$ の具体例を調べてみる．

問題４　①　$\mathrm{Aut}_{\mathbb{R}}(\mathbb{C})=\{e, \varphi\}$

ここで e は恒等写像，φ は問題 1 ①で定義した $\mathbb{C}$ の自己同型写像．このとき次が成り立つことを示せ．

$$\varphi^2 = e.$$

②　$\mathrm{Aut}_{\mathbb{Q}}(\mathbb{Q}(\sqrt{m}))=\{e, \varphi\}$

e は恒等写像，φ は問題 1 ②で定義した $\mathbb{Q}(\sqrt{m})$ の自己同型写像．このときも

$$\varphi^2 = e$$

となることを示せ．

解答　①　$z\in\mathbb{C}$ のとき

$$z = a+bi, \qquad a,\ b \in \mathbb{R}$$

であるので $\psi\in\mathrm{Aut}_{\mathbb{R}}(\mathbb{C})$ に対して

$$\psi(z) = \psi(a+bi) = \psi(a)+\psi(bi) = a+b\psi(i)$$

となり，$\psi(i)$ で ψ が決まる．

$$-1 = \psi(-1) = \psi(i^2) = \psi(i)^2$$

であるので $\psi(i)=\pm i$．$\psi(i)=i$ であれば $\psi=e$，$\psi(i)=-i$ であれば $\psi=\varphi$．

②　$\mathbb{Q}(\sqrt{m})$ の元は $a+b\sqrt{m}$, a, $b\in\mathbb{Q}$ と書くことができるので，写像 $\psi\in\mathrm{Aut}_{\mathbb{Q}}(\mathbb{Q}(\sqrt{m}))$ に対して

$$\psi(a+b\sqrt{m}) = a+b\psi(\sqrt{m}).$$

一方

$$m = \psi(m) = \psi((\sqrt{m})^2) = \psi(\sqrt{m})^2$$

より，$\psi(\sqrt{m})=\pm\sqrt{m}$．$\psi(\sqrt{m})=\sqrt{m}$ のとき $\psi=e$，$\psi(\sqrt{m})=-\sqrt{m}$ のとき $\psi=\varphi$ となる．

もう少し複雑な例を考える．正整数 $n\geqq 2$ に対して n 乗して初めて 1 になる複素数 ζ_n を 1 の原始 n 乗根という．たとえば $n=3$ であれば ζ_3 は

$$\omega = \frac{-1+\sqrt{3}i}{2}, \qquad \omega^2 = \frac{-1-\sqrt{3}i}{2}$$

のいずれかである．ド・モアブルの公式を使うと

$$\zeta_n = \cos\frac{2\pi k}{n} + i\sin\frac{2\pi k}{n},$$

k は n と共通因数を持たない n より小さい正整数，と表わすことができる．n が素数であれば k として 1, 2, …, $n-1$ をとることができる．

問題 5　第 8 章，演習問題[5]と同様に

$$\zeta = \zeta_{17} = \cos\frac{2\pi}{17} + i\sin\frac{2\pi}{17}$$

とおく．このとき

$$\mathrm{Aut}_{\mathbb{Q}}(\mathbb{Q}(\zeta)) = \{e, \varphi,\ \varphi^2,\ \cdots,\ \varphi^{15}\}$$

ただし φ は

$$\zeta(\zeta) = \zeta^3$$

より定まる $\mathbb{Q}(\zeta)$ の $\mathbb{Q}$ 上の自己同型．また

$$\varphi^{16} = e$$

が成り立つ．

解答　$\mathbb{Q}(\zeta)$ を $\mathbb{Q}$ 上のベクトル空間と考えると底として

$$\zeta, \quad \zeta^2, \quad \cdots, \quad \zeta^{16}$$

をとることができる($\zeta^{16}+\zeta^{15}+\cdots+\zeta+1=0$ に注意).

したがって $\mathbb{Q}(\zeta)$ の任意の元は

$$z = a_1\zeta+a_2\zeta^2+\cdots+a_{16}\zeta^{16}, \qquad a_i \in \mathbb{Q}$$

と書くことができ，$\psi\in\mathrm{Aut}_{\mathbb{Q}}(\mathbb{Q}(\zeta))$ は

$$\psi(z) = a_1\psi(\zeta)+a_2\psi(\zeta)^2+\cdots+a_{16}\psi(\zeta)^{16}$$

となり，$\psi(\zeta)$ の値によって ψ は一意的に定まる．$\zeta^{17}=1$ であるので

$$\psi(\zeta)^{17} = 1$$

が成り立つ．したがって

$$\psi(\zeta) = \zeta^a, \qquad a = 1, 2, 3, \cdots, 16$$

となる($\psi(\zeta)\neq 1$ に注意)．一方，$\psi(\zeta)=\zeta^a$ より ψ は自己同型写像 $\psi_a\in \mathrm{Aut}_{\mathbb{Q}}(\mathbb{Q}(\zeta))$ を定めることを示そう．それは

$$\zeta^a, \quad \zeta^{2a}, \quad \zeta^{3a}, \quad \cdots, \quad \zeta^{16a}$$

が $\mathbb{Q}(\zeta)$ の $\mathbb{Q}$ 上の底であることを使って証明できるが，面倒である．そこで次のように考える．

$$f(X) = X^{16}+X^{15}+\cdots+X^2+X+1$$

とおくと $f(\zeta^a)=0$, $a=1, 2, \cdots, 16$．すると

$$\begin{aligned} \varphi_a:\ \mathbb{Q}[X]/(f(X)) &\longrightarrow \mathbb{Q}(\zeta) \\ \overline{g(X)} &\longmapsto g(\zeta^a) \end{aligned}$$

は体の同型写像である．何故ならば

$$\begin{array}{rccc} \widetilde{\varphi_a}: & \mathbb{Q}[X] & \longrightarrow & \mathbb{Q}(\zeta) \\ & g(X) & \longmapsto & g(\zeta^a) \end{array}$$

は環の準同型写像であり $\mathrm{Ker}\,\widetilde{\varphi_a}=(f(X))$ であることは簡単に示すことができるからである．すると上の ψ は

$$\psi_a = \varphi_a \circ \varphi_1^{-1}$$

となることがわかる．特に $\psi_1=e$（恒等写像）に注意する．

さて $\varphi=\psi_3$ とおくと

$$\begin{array}{lllll} \varphi^2 = \psi_9, & \varphi^3 = \psi_{10}, & \varphi^4 = \psi_{13}, & \varphi^5 = \psi_5, & \varphi^6 = \psi_{15}, \\ \varphi^7 = \psi_{11}, & \varphi^8 = \psi_{16}, & \varphi^9 = \psi_{14}, & \varphi^{10} = \psi_8, & \varphi^{11} = \psi_7, \\ \varphi^{12} = \psi_4, & \varphi^{13} = \psi_{12}, & \varphi^{14} = \psi_2, & \varphi^{15} = \psi_6, & \varphi^{16} = \psi_1 = e \end{array}$$

となりすべての ψ_a が φ のべきとして表わすことができる．すなわち

$$\mathrm{Aut}_{\mathbb{Q}}(\mathbb{Q}(\zeta)) = \{\psi_1, \psi_2, \cdots, \psi_{16}\} = \{e, \varphi, \varphi^2, \cdots, \varphi^{15}\}$$
$$\varphi^{16} = e$$

となる．

上の解では ψ_3 が特別な働きをした．これは 3^n-1 が 17 で割りきれる最小の正整数は $n=16$ であることと関係している．すべての素数 p に対して α^n-1 が p で割りきれる最小の正整数が $p-1$ であるように $2\leqq\alpha\leqq p-1$ を選ぶことができる．このような α を素数 p の**原始根**と呼ぶ．

群についていくつか重要な定義をしておく．

定義 3 群 G が

$$G = \{e, g, g^2, \cdots, g^{m-1}\}, \qquad g^m = e$$

という形をしているとき，G を位数 m の**巡回群**といい，g を m 回までかける

と G の元がすべてでてくるので g を巡回群 G の**生成元**という．

定義 4　一般に群 G が有限個の元からなるとき，G を**有限群**と呼びその個数を群の**位数**といい，$|G|$ と記す．群 G の部分集合 H が群 G の積に関して群になっているとき，すなわち $h_1, h_2 \in H$ であれば $h_1 \cdot h_2 \in H$，また $h \in H$ であれば $h^{-1} \in H$ であるとき(このとき $e = h \cdot h^{-1} \in H$ であるので H は単位元を含む，このことから H は群であることがわかる) H を G の**部分群**という．

さらに群 G の部分群 H が G の任意の元 g に対して

$$gHg^{-1} = \{ghg^{-1} \mid h \in H\} = H$$

となるとき G の**正規部分群**と呼ぶ．G の正規部分群 H に対しては剰余群 G/H を定義することができる．

問題 5 に登場した位数 16 の巡回群

$$G = \mathrm{Aut}_{\mathbb{Q}}(\mathbb{Q}(\zeta)) = \{e, \varphi, \varphi^2, \cdots, \varphi^{15}\}$$

では

$$H_1 = \{e, \varphi^2, \varphi^4, \varphi^6, \cdots, \varphi^{12}, \varphi^{14}\}$$

は G の部分群であり，その位数は 8 である．H_1 は位数 8 の巡回群である．さらに

$$H_2 = \{e, \varphi^4, \varphi^8, \varphi^{12}\}$$

は位数 4 の巡回群であり G および H_1 の部分群である．また

$$H_3 = \{e, \varphi^8\}$$

は位数 2 の巡回群であり，G, H_1, H_2 の部分群であり，また正規部分群である．

さて，体 $\boldsymbol{k}$ の有限次拡大体 $\boldsymbol{k}_1$ に対して群 $G = \mathrm{Aut}_{\boldsymbol{k}}(\boldsymbol{k}_1)$ の部分群 H を考え $\boldsymbol{k}_1$ の元で H の各元で不変なもの全体を $\boldsymbol{k}_1^H$ と記す．

$$\boldsymbol{k}_1^H = \{a \in \boldsymbol{k}_1 | \, h(a) = a, \ \ h \in H\}.$$

問題 6　上の $\boldsymbol{k}_1^H$ は $\boldsymbol{k}_1$ の部分体であることを示せ．

解答　$a,\ b \in \boldsymbol{k}_1^H$ であれば H の任意の元 h に対して $h(a)=a,\ h(b)=b$ であり，したがって

$$h(a \pm b) = h(a) \pm h(b) = a \pm b$$

が成り立ち，$a \pm b \in \boldsymbol{k}_1^H$ である．また h は体の同型写像であるので $h(0)=0$（第 10 章，問題 1），よって $0 \in \boldsymbol{k}_1^H$．したがって $a \in \boldsymbol{k}_1^H$ であれば $-a=0-a \in \boldsymbol{k}_1^H$ が成り立つ．さらに $a, b \in \boldsymbol{k}_1^H$ であれば

$$h(ab) = h(a)h(b) = ab, \qquad h \in H$$

が成り立つので $ab \in \boldsymbol{k}_1^H$．さらに $a \in \boldsymbol{k}_1^H$ のとき第 10 章，問題 1 より

$$h(a^{-1}) = h(a)^{-1} = a^{-1}$$

が成り立ち $a^{-1} \in \boldsymbol{k}_1^H$．以上より $\boldsymbol{k}_1^H$ が体であることがわかる．

$\boldsymbol{k}_1^H$ を H の**不変体**と呼ぶ．ここでは証明することができないが，

$$\dim_{\boldsymbol{k}_1^H} \boldsymbol{k}_1 = [\boldsymbol{k}_1 : \boldsymbol{k}_1^H] = |H|$$

であることがわかっている．ここで $\boldsymbol{k}_2/\boldsymbol{k}_1$ が n 次拡大であるとき n を $[\boldsymbol{k}_2 : \boldsymbol{k}_1]$ と記した．問題 5 で取り扱った例でこの事実を確かめておこう．

問題 7　問題 5 の記号を使う．

$$\zeta = \cos\frac{2\pi}{17} + i\sin\frac{2\pi}{17}$$

$G=\mathrm{Aut}_{\mathbb{Q}}(\mathbb{Q}(\zeta))=\{e, \varphi, \varphi^2, \cdots, \varphi^{15}\}$（$\varphi$ は $\varphi(\zeta)=\zeta^3$ で定まる $\mathbb{Q}$ 上の $\mathbb{Q}(\zeta)$

の自己同型写像)の部分群

$H_1 = \{e, \varphi^2, \varphi^4, \varphi^6, \varphi^8, \varphi^{10}, \varphi^{12}, \varphi^{14}\}$　　φ^2より生成される位数 8 の巡回群
$\cup$
$H_2 = \{e, \varphi^4, \varphi^8, \varphi^{12}\}$　　φ^4より生成される位数 4 の巡回群
$\cup$
$H_3 = \{e, \varphi^8\}$　　φ^8より生成される位数 2 の巡回群

このとき

$$\mathbb{Q}(\zeta)^G = \mathbb{Q}$$
$$\mathbb{Q}(\zeta)^{H_1} = \mathbb{Q}(\eta_0), \qquad \eta_0 = (\zeta+\zeta^{-1})+(\zeta^2+\zeta^{-2})+(\zeta^4+\zeta^{-4})+(\zeta^8+\zeta^{-8})$$
$$\mathbb{Q}(\zeta)^{H_2} = \mathbb{Q}(\eta_0, \xi_0), \qquad \xi_0 = (\zeta+\zeta^{-1})+(\zeta^4+\zeta^{-4})$$
$$\mathbb{Q}(\zeta)^{H_3} = \mathbb{Q}(\eta_0, \xi_0, \lambda^{(1)}), \qquad \lambda^{(1)} = \zeta+\zeta^{-1}.$$
$$[\mathbb{Q}(\zeta):\mathbb{Q}(\eta_0)] = 8, \quad [\mathbb{Q}(\zeta):\mathbb{Q}(\xi_0)] = 4, \quad [\mathbb{Q}(\zeta):\mathbb{Q}(\lambda^{(1)})] = 2$$

解答

$$\varphi^2(\zeta) = \zeta^9 = \zeta^{-8}, \qquad \varphi^2(\zeta^{-1}) = \zeta^8$$
$$\varphi^2(\zeta^2) = \zeta^{18} = \zeta, \qquad \varphi^2(\zeta^{-2}) = \zeta^{-1}$$
$$\varphi^2(\zeta^4) = \zeta^{36} = \zeta^2, \qquad \varphi^2(\zeta^{-4}) = \zeta^{-2}$$
$$\varphi^2(\zeta^8) = \zeta^{72} = \zeta^4, \qquad \varphi^2(\zeta^{-8}) = \zeta^{-4}$$

したがって

$$\eta_0 = \zeta+\zeta^{-1}+\zeta^2+\zeta^{-2}+\zeta^4+\zeta^{-4}+\zeta^8+\zeta^{-8}$$

とおくと $\varphi^2(\eta_0)=\eta_0$. よって $\varphi^{2m}(\eta_0)=\eta_0$, $m=1,2,\cdots,8$ より, $\eta_0 \in \mathbb{Q}(\zeta)^{H_1}$.

同様に

$$\eta_1 = \zeta^3+\zeta^{-3}+\zeta^5+\zeta^{-5}+\zeta^6+\zeta^{-6}+\zeta^7+\zeta^{-7} \in \mathbb{Q}(\zeta)^{H_1}.$$

もし $\eta=a_1\zeta+a_2\zeta^2+a_3\zeta^3+\cdots+a_{16}\zeta^{16} \in \mathbb{Q}(\zeta)^{H_1}$, $a_i \in \mathbb{Q}$ であれば $\eta=a_1\eta_0+$

$a_3\eta_1$ でなければならない．よって $\mathbb{Q}(\zeta)^{H_1}=\mathbb{Q}(\eta_0,\eta_1)$．一方，$\eta_0+\eta_1=-1$ より $\mathbb{Q}(\eta_0,\eta_1)=\mathbb{Q}(\eta_0)$．

また $\eta_0\eta_1=-4$ より η_0, η_1 は 2 次方程式 $y^2+y-4=0$ の根であり

$$[\mathbb{Q}(\eta_0):\mathbb{Q}]=2.$$

$$\varphi^4(\zeta)=\zeta^{81}=\zeta^4, \qquad \varphi^4(\zeta^{-1})=\zeta^{-4}$$
$$\varphi^4(\zeta^4)=\zeta^{16}=\zeta^{-1}, \qquad \varphi^4(\zeta^{-4})=\zeta.$$

したがって $\xi_0=\zeta+\zeta^{-1}+\zeta^4+\zeta^{-4}$ とおくと

$$\varphi^{4m}(\xi_0)=\xi_0, \qquad m=1,2,3,4$$

より，$\xi_0\in\mathbb{Q}(\zeta)^{H_2}$．同様に

$$\xi_1=\zeta^3+\zeta^{-3}+\zeta^5+\zeta^{-5}\in\mathbb{Q}(\zeta)^{H_2}$$
$$\xi_2=\zeta^2+\zeta^{-2}+\zeta^8+\zeta^{-8}\in\mathbb{Q}(\zeta)^{H_2}$$
$$\xi_3=\zeta^6+\zeta^{-6}+\zeta^7+\zeta^{-7}\in\mathbb{Q}(\zeta)^{H_2}$$

$\xi=a_1\zeta+a_2\zeta^2+\cdots+a_{16}\zeta^{16}\in\mathbb{Q}(\zeta)^{H_2}$, $a_i\in\mathbb{Q}$ であれば

$$\xi=a_1\xi_0+a_2\xi_2+a_3\xi_1+a_6\xi_3$$

である．よって

$$\mathbb{Q}(\zeta)^{H_2}=\mathbb{Q}(\xi_0,\xi_1,\xi_2,\xi_3)$$

$$\xi_0+\xi_2=\eta_0, \qquad \xi_1+\xi_3=\eta_1$$

$$\xi_0\xi_2=-1, \qquad \xi_1\xi_3=-1$$

より ξ_0,ξ_2 は $x^2-\eta_0x-1=0$ の 2 根．よって $\xi_2\in\mathbb{Q}(\eta_0,\xi_0)$．さらに $\xi_1,\xi_3\in\mathbb{Q}(\eta_0,\xi_0)$．なぜならば $x^2-\eta_0x-1=0$ の 2 根 ξ_0, ξ_2 は

$$\frac{\eta_0\pm\sqrt{\eta_0^2+4}}{2}$$

で与えられるので $\mathbb{Q}(\eta_0,\xi_0)=\mathbb{Q}(\eta_0,\sqrt{\eta_0^2+4})$．一方，$\eta_1=-\dfrac{4}{\eta_0}$ であるので ξ_1, ξ_3 は方程式 $x^2-\dfrac{4}{\eta_0}x-1=0$ の 2 根であるが，これは

$$\frac{2}{\eta_0}\pm\sqrt{\left(\frac{2}{\eta_0}\right)^2+1}=\frac{2}{\eta_0}\pm\frac{1}{\eta_0}\sqrt{\eta_0^2+4}$$

で与えられるので $\xi_1, \xi_3 \in \mathbb{Q}(\eta_0, \sqrt{\eta_0^2+4}) = \mathbb{Q}(\eta_0, \xi_0)$.
以上より

$$\begin{aligned}
&\mathbb{Q}(\zeta)^{H_2} = \mathbb{Q}(\eta_0, \xi_0) \\
&[\mathbb{Q}(\zeta)^{H_2} : \mathbb{Q}(\zeta)^{H_1}] = [\mathbb{Q}(\eta_0, \xi_0) : \mathbb{Q}(\eta_0)] = 2 \\
&\varphi^8(\zeta) = \zeta^{16} = \zeta^{-1}, \qquad \varphi^8(\zeta^{-1}) = \zeta.
\end{aligned}$$

よって $\lambda^{(1)} = \zeta + \zeta^{-1}$ とおくと

$$\varphi^{8m}(\lambda^{(1)}) = \lambda^{(1)}, \qquad m = 1, 2$$

となり $\lambda^{(1)} \in \mathbb{Q}(\zeta)^{H_3}$.
同様に

$$\lambda^{(n)} = \zeta^n + \zeta^{-n} \in \mathbb{Q}(\zeta)^{H_3}, \qquad n = 2, 3, 4, 5, 6, 7, 8$$

である．一方

$$\begin{aligned}
&\lambda^{(1)}+\lambda^{(4)} = \xi_0, \quad \lambda^{(3)}+\lambda^{(5)} = \xi_1, \quad \lambda^{(2)}+\lambda^{(8)} = \xi_2 \\
&\lambda^{(1)}\lambda^{(4)} = \xi_1, \qquad \lambda^{(3)}\lambda^{(5)} = \xi_2, \qquad \lambda^{(2)}\lambda^{(8)} = \xi_3 \\
&\lambda^{(6)}+\lambda^{(7)} = \xi_3 \\
&\lambda^{(6)}\lambda^{(7)} = \xi_0
\end{aligned}$$

が成立するので $\lambda^{(1)}, \lambda^{(4)}$ は 2 次方程式 $x^2 - \zeta_0 x - \xi_1 = 0$ の 2 根であり，したがって

$$[\mathbb{Q}(\eta_0, \xi_0, \lambda^{(1)}) : \mathbb{Q}(\eta_0, \xi_0)] = 2.$$

さらに

$$\lambda^{(j)} \in \mathbb{Q}(\eta_0, \xi_0, \lambda^{(1)}), \qquad j = 2, 3, \cdots, 8$$

を示すことができ $\mathbb{Q}(\zeta)^{H_3} = \mathbb{Q}(\eta_0, \xi_0, \lambda^{(1)})$．これより $[\mathbb{Q}(\zeta)^{H_3} : \mathbb{Q}(\zeta)^{H_2}] =$

2.

また ζ と ζ^{-1} は 2 次方程式 $x^2-\lambda^{(1)}x+1=0$ の 2 根であり，

$$[\mathbb{Q}(\zeta):\mathbb{Q}(\zeta)^{H_3}]=2.$$

体の拡大

$$\begin{array}{ccccccccc}
\mathbb{Q} & \subset & \mathbb{Q}(\eta_0) & \subset & \mathbb{Q}(\eta_0,\ \xi_0) & \subset & \mathbb{Q}(\eta_0,\ \xi_0,\ \lambda^{(1)}) & \subset & \mathbb{Q}(\zeta) \\
 & & \| & & \| & & \| & & \\
 & & \mathbb{Q}(\zeta)^{H_1} & & \mathbb{Q}(\zeta)^{H_2} & & \mathbb{Q}(\zeta)^{H_3} & &
\end{array}$$

は 2 次拡大の繰返しである．これより

$$[\mathbb{Q}(\zeta):\mathbb{Q}(\zeta)^{H_1}]=[\mathbb{Q}(\zeta):\mathbb{Q}(\zeta)^{H_3}][\mathbb{Q}(\zeta)^{H_3}:\mathbb{Q}(\zeta)^{H_2}]$$
$$[\mathbb{Q}(\zeta)^{H_2}:\mathbb{Q}(\zeta)^{H_1}]=2^3=8=|H_1|$$
$$[\mathbb{Q}(\zeta):\mathbb{Q}(\zeta)^{H_2}]=4=|H_2|$$
$$[\mathbb{Q}(\zeta):\mathbb{Q}(\zeta)^{H_3}]=2=|H_3|.$$

また $\mathbb{Q}(\zeta)^G=\mathbb{Q}$ は

$$\eta=a_1\zeta+a_2\zeta^2+\cdots+a_{16}\zeta^{16}\in\mathbb{Q}(\zeta)^G,\qquad a_i\in\mathbb{Q}$$

であれば $\varphi^m(\eta)=\eta,\ m=1,2,\cdots,16$ より $a_1=a_2=\cdots=a_{16}$ となり

$$\eta=-a_1\in\mathbb{Q}$$

より明らか．

以上の議論は第 8 章，演習問題[5]に与えられた体の拡大が $G=\mathrm{Aut}_{\mathbb{Q}}(\mathbb{Q}(\zeta))$ の部分群の列

$$G\supset H_1\supset H_2\supset H_3$$

と関連していることを示している．

定義 5　体 $\boldsymbol{k}$ の有限次拡大体 $\boldsymbol{k}_1$ に対して $\boldsymbol{k}_1$ の $\boldsymbol{k}$ 上の自己同型群 $G=\mathrm{Aut}_{\boldsymbol{k}}(\boldsymbol{k}_1)$ の不変体 $\boldsymbol{k}_1^G$ が $\boldsymbol{k}$ と一致するとき，$\boldsymbol{k}_1$ は $\boldsymbol{k}$ の**ガロア拡大**といい，$\mathrm{Aut}_{\boldsymbol{k}}(\boldsymbol{k}_1)$ を $\mathrm{Gal}(\boldsymbol{k}_1/\boldsymbol{k})$ と記し，拡大 $\boldsymbol{k}_1/\boldsymbol{k}$ のガロア群という．

ガロア拡大 $\boldsymbol{k}_1/\boldsymbol{k}$ は別の特徴づけがある．

定理　有限次拡大 $\boldsymbol{k}_1/\boldsymbol{k}$ がガロア拡大であるための必要かつ十分条件は $f(X)\in\boldsymbol{k}[X]$ を $f(X)$ の相異なる根 θ_1，θ_2，$\cdots$，θ_n を $\boldsymbol{k}$ に添加してできる体 $\boldsymbol{k}(\theta_1,\theta_2,\cdots,\theta_n)$ が $\boldsymbol{k}_1$ と一致しかつ $\boldsymbol{k}_1$ で

$$f(X)=(X-\theta_1)(X-\theta_2)\cdots(X-\theta_n) \qquad (*)$$

と因数分解できるように選ぶことができることである．

$f(X)$ の因数分解に関する条件は通常は $\boldsymbol{k}_1/\boldsymbol{k}$ が分離拡大であると定式化されるが，ここでは述べる余裕がない．$\boldsymbol{k}$ の標数が 0 であればこの条件は自動的にみたされる．標数 $p\geqq 2$ の体では $\alpha^p=a$ であれば

$$X^p-a=(X-\alpha)^p$$

が成立し，既約 n 次式は体を拡大して因数分解したときに n 個の異なる 1 次式の積とは必ずしもならない．このような状況が起こらないことを保証するのが分離拡大である．

ガロア拡大 $\boldsymbol{k}_1/\boldsymbol{k}$ のガロア群 $\mathrm{Gal}(\boldsymbol{k}_1/\boldsymbol{k})=\mathrm{Aut}_{\boldsymbol{k}}(\boldsymbol{k}_1)$ に関してはその位数は拡大次数と一致し

$$|\mathrm{Gal}(\boldsymbol{k}_1/\boldsymbol{k})|=[\boldsymbol{k}_1:\boldsymbol{k}],$$

$\mathrm{Gal}(\boldsymbol{k}_1/\boldsymbol{k})$ の部分群 H に対して H の不変体は

$$\boldsymbol{k}\subset\boldsymbol{k}_1^H\subset\boldsymbol{k}_1$$

のように $\boldsymbol{k}_1$ の部分体となり，拡大 $\boldsymbol{k}_1/\boldsymbol{k}_1^H$ は H をガロア群とするガロア拡大

であることを示すことができる．拡大 $\boldsymbol{k}_1^H/\boldsymbol{k}$ は一般にはガロア拡大ではなく，ガロア拡大であるための必要十分条件は H が $\mathrm{Gal}(\boldsymbol{k}_1/\boldsymbol{k})$ の正規部分群(定義4)であることが知られている．

$G=\mathrm{Gal}(\boldsymbol{k}_1/\boldsymbol{k})$ の正規部分群 H に対しては $\boldsymbol{k}_1^H/\boldsymbol{k}$ はガロア拡大でありそのガロア群は剰余群 G/H である．

逆に $\boldsymbol{k}$ と $\boldsymbol{k}_1$ の間にある体

$$\boldsymbol{k} \subset \boldsymbol{k}_2 \subset \boldsymbol{k}_1$$

に対して $H_{\boldsymbol{k}_2}=\{h\in\mathrm{Gal}(\boldsymbol{k}_1/\boldsymbol{k}) \mid h(a)=a,\ a\in\boldsymbol{k}_2\}$ とおくと $H_{\boldsymbol{k}_2}$ はガロア群の部分群である．このとき $H_{\boldsymbol{k}_2}$ の不変体は

$$\boldsymbol{k}_1^{H_{\boldsymbol{k}_2}} = \boldsymbol{k}_2$$

となる．またガロア群 $\mathrm{Gal}(\boldsymbol{k}_1/\boldsymbol{k})$ の部分群 H の不変体 $\boldsymbol{k}_1^H$ に対して

$$H_{\boldsymbol{k}_1^H} = H$$

であることがわかる．これがガロア拡大に関する部分群と $\boldsymbol{k}$ と $\boldsymbol{k}_1$ の間にある体(中間体という)の対応を与える基本定理のあらましである．

ガロア(1811-32)が方程式の解法の考察によってガロア群を導入したときは，体の自己同型写像ではなく方程式の根の置換群としてガロア群をとらえていた．これまで述べた議論は20世紀になってE.アルティンによって定式化されたものである．

$f(X)\in\boldsymbol{k}[X]$ が $\boldsymbol{k}$ 上既約な n 次多項式であり $\boldsymbol{k}$ の拡大体で n 個の相異なる根 $\theta_1, \theta_2, \cdots, \theta_n$ を持つとき，拡大体 $\boldsymbol{k}_1=\boldsymbol{k}(\theta_1, \theta_2, \cdots, \theta_n)$ は $\boldsymbol{k}$ のガロア拡大体である．$\varphi\in\mathrm{Gal}(\boldsymbol{k}_1/\boldsymbol{k})=\mathrm{Aut}_{\boldsymbol{k}}(\boldsymbol{k}_1)$ に対して問題2より $\varphi(\theta_i)$, $i=1, 2, \cdots, n$ も $f(X)$ の根である．$\theta_1, \theta_2, \cdots, \theta_n$ と根を並べておくと

$$\varphi(\theta_1), \quad \varphi(\theta_2), \quad \cdots, \quad \varphi(\theta_n)$$

は順番が入れ替った形で n 個の根が並んでいる．これを根の置換という．コラム11-1の考えを使えば

コラム　11-1　対称群

正整数 1 から n までからなる集合 $\{1,2,3,\cdots,n\}$ から自分自身への全単射（一対一の上への写像）の全体を S_n と記し n 次対称群と呼ぶ．S_n の積は写像の合成で定義する．S_n の元 σ は $\sigma(i)$, $i=1,2,\cdots,n$ で決まるので通常

$$\sigma = \begin{pmatrix} 1 & 2 & \cdots & n \\ \sigma(1) & \sigma(2) & \cdots & \sigma(n) \end{pmatrix}$$

と記す．$\sigma \in S_n$ を n 次の**置換**と呼ぶ．σ は $1,2,\cdots,n$ の順序を入れ替えるからである．たとえば

$$\begin{pmatrix} 1 & 2 & 3 \\ 2 & 3 & 1 \end{pmatrix} \in S_3$$

は 1 を 2 へ，2 を 3 へ，3 を 1 へうつす写像である．また置換を具体的に与える表現で上の $1,2,\cdots,n$ の順序は変えてもよい．たとえば

$$\begin{pmatrix} 1 & 2 & 3 \\ 2 & 3 & 1 \end{pmatrix} = \begin{pmatrix} 1 & 3 & 2 \\ 2 & 1 & 3 \end{pmatrix} = \begin{pmatrix} 2 & 3 & 1 \\ 3 & 1 & 2 \end{pmatrix}$$

これは $\sigma(i)$, $i=1,\cdots,n$ がわかれば σ が一意的に決まるからである．$\sigma, \tau \in S_n$ のとき積 $\sigma \cdot \tau$ は写像の合成で定義されるので

$$(\sigma \cdot \tau)(i) = \sigma(\tau(i))$$

となる．たとえば

$$\begin{pmatrix} 1 & 2 & 3 \\ 3 & 2 & 1 \end{pmatrix}\begin{pmatrix} 1 & 2 & 3 \\ 2 & 3 & 1 \end{pmatrix} = \begin{pmatrix} 1 & 2 & 3 \\ 2 & 1 & 3 \end{pmatrix}$$

$$\begin{array}{ccccc} & \begin{pmatrix} 1 & 2 & 3 \\ 2 & 3 & 1 \end{pmatrix} & & \begin{pmatrix} 1 & 2 & 3 \\ 3 & 2 & 1 \end{pmatrix} & \\ 1 & \longrightarrow & 2 & \longrightarrow & 2 \\ 2 & \longrightarrow & 3 & \longrightarrow & 1 \\ 3 & \longrightarrow & 1 & \longrightarrow & 3 \end{array}$$

置換の積は右から順に計算することに注意する．（本によっては左から順に計

算することもあるので置換の積をどちらで定義しているかは注意を要する.)
S_n が群になることは恒等写像(恒等置換ともいう) e

$$e = \begin{pmatrix} 1 & 2 & 3 & \cdots & n \\ 1 & 2 & 3 & \cdots & n \end{pmatrix}$$

が置換の積に関して単位元になること,

$$\sigma = \begin{pmatrix} 1 & 2 & 3 & \cdots & n \\ \sigma(1) & \sigma(2) & \sigma(3) & \cdots & \sigma(n) \end{pmatrix}$$

の逆元 σ^{-1} は

$$\sigma^{-1} = \begin{pmatrix} \sigma(1) & \sigma(2) & \sigma(3) & \cdots & \sigma(n) \\ 1 & 2 & 3 & \cdots & n \end{pmatrix}$$

で与えられることを使うと簡単に証明できる.

n 次方程式

$$x^n+a_1x^{n-1}+a_2x^{n-2}+\cdots+a_n = 0 \qquad (*)$$

が n 個の相異なる根 $x_1, x_2, \cdots, x_n$ を持つとすると

$$\begin{aligned} &x^n+a_1x^{n-1}+a_2x^{n-2}+\cdots+a_n \\ &= (x-x_1)(x-x_2)\cdots(x-x_n) \end{aligned}$$

と因数分解され, 右辺を展開することによって根と係数の関係より,

$$\begin{aligned} &x_1+x_2+\cdots+x_n = -a_1 \\ &x_1x_2+x_2x_3+\cdots+x_{n-1}x_n = a_2 \\ &\quad\vdots \\ &x_1x_2\cdots x_n = (-1)^n a_n \end{aligned}$$

となる. n 次の置換 $\sigma \in S_n$ と $x_1, x_2, \cdots, x_n$ を変数とする多項式 $g(x_1, x_2, \cdots, x_n)$ に対し σ の g への作用 $\sigma(g)$ を

$$\sigma(g)(x_1, x_2, \cdots, x_n) = g(x_{\sigma(1)}, x_{\sigma(2)}, \cdots, x_{\sigma(n)})$$

と定義する．たとえば

$$\sigma = \begin{pmatrix} 1 & 2 & 3 \\ 2 & 3 & 1 \end{pmatrix}, \qquad g(x_1, x_2, x_3) = x_1^2+3x_2+2x_3^3$$

であれば

$$\sigma(g)(x_1, x_2, x_3) = x_2^2+3x_3+2x_1^3$$

となる．

$$\Delta = \prod_{i<j}(x_i - x_j)$$

を n 次の差積という．n 次の置換 σ は n 次の差積に作用するが $\sigma(\Delta)$ と Δ の違いは高々符号の違いでしかない．そこで

$$\sigma(\Delta) = \prod_{i<j}(x_{\sigma(i)} - x_{\sigma(j)}) = \mathrm{sgn}(\sigma)\Delta$$

と記そう．ただし $\mathrm{sgn}(\sigma)=\pm 1$．$\mathrm{sgn}(\sigma)$ を置換 σ の**符号**という．たとえば $n=3$ のとき

$$\sigma = \begin{pmatrix} 1 & 2 & 3 \\ 2 & 3 & 1 \end{pmatrix}$$

に対しては

$$\begin{aligned} \sigma(\Delta) &= (x_{\sigma(1)} - x_{\sigma(2)})(x_{\sigma(1)} - x_{\sigma(3)})(x_{\sigma(2)} - x_{\sigma(3)}) \\ &= (x_2 - x_3)(x_2 - x_1)(x_3 - x_1) \\ &= (x_1 - x_3)(x_1 - x_2)(x_2 - x_3) \\ &= \Delta \end{aligned}$$

となり $\mathrm{sgn}(\sigma)=1$．一方

$$\tau = \begin{pmatrix} 1 & 2 & 3 \\ 2 & 1 & 3 \end{pmatrix}$$

に対しては

$$
\begin{aligned}
\tau(\Delta) &= (x_{\tau(1)}-x_{\tau(2)})(x_{\tau(1)}-x_{\tau(3)})(x_{\tau(2)}-x_{\tau(3)}) \\
&= (x_2-x_1)(x_2-x_3)(x_1-x_3) \\
&= -\Delta
\end{aligned}
$$

となり $\mathrm{sgn}(\tau)=-1$ となる．置換の符号は行列式を定義するとき重要になる（コラム 6-2「行列式」を参照）．

ところで方程式を解くことは根 $x_1, x_2, \cdots, x_n$ を方程式の係数を使って求めることである．方程式の係数は根 $x_1, x_2, \cdots, x_n$ の対称式であるので，根を求める操作はこの対称性を壊していく操作だと考えることができよう．たとえば 2 次方程式 $ax^2+bx+c=0$ の 2 根を x_1, x_2 とすると

$$
x_1+x_2 = -\frac{b}{a}, \qquad x_1x_2 = \frac{c}{a} \tag{$**$}
$$

である．x_1 と x_2 の多項式で対称式でない簡単な多項式として $\Delta=x_1-x_2$ が考えられる．これは 2 次の差積に他ならない．置換

$$
\sigma = \begin{pmatrix} 1 & 2 \\ 2 & 1 \end{pmatrix}
$$

に対して

$$
\sigma(\Delta) = -\Delta
$$

であるが，$\Delta^2=(x_1-x_2)^2$ は対称式になる．

$$
\begin{aligned}
(x_1-x_2)^2 &= (x_1+x_2)^2-4x_1x_2 \\
&= \frac{b^2}{a^2}-\frac{4ac}{a^2}
\end{aligned}
$$

となるので

$$
x_1-x_2 = \pm\frac{\sqrt{b^2-4ac}}{a}
$$

これと根と係数の関係式（$**$）より x_1, x_2 は

$$
\frac{-b\pm\sqrt{b^2-4ac}}{2a}
$$

であることがわかる．類似の操作を 3 次方程式，4 次方程式に対しても適用で

きる．その際，根を求めるために対称性を崩していくときの中心的な役割を S_3 や S_4 の部分群が果たすことがラグランジュによって見出された．ラグランジュの論文を読んだ 19 歳のガロアはラグランジュの議論を一般の n 次方程式に拡張して，方程式がその係数から四則演算とべき根をとる操作によって根の公式を得ることができるためには，方程式のガロア群がどのような構造をしている必要があるかを明確にし，数学の新しい発展の基礎をつくった．

$$\varphi(\theta_i) = \theta_{\sigma(i)}$$

となる $\sigma \in S_n$ が存在する．このようにしてガロア群は n 次対称群の部分群と考えることができる．ガロアは n 次対称群の部分群としてガロア群をとらえ，体の拡大の理論がガロア群を使って記述できることを示した．

また，$G(X)=0$ が有理数係数の方程式であるとき，$a+b\sqrt{2}$ $(a, b \in \mathbb{Q})$ が根であることがわかれば，$a-b\sqrt{2}$ も根であることがわかった(問題 1 ②および問題 2)．同様の考え方で $H(X)=0$ が有理数係数の方程式であるとき，たとえば $\sqrt{2}+\sqrt{3}$ が根であれば

$$\sqrt{2}-\sqrt{3}, \quad -\sqrt{2}+\sqrt{3}, \quad -\sqrt{2}-\sqrt{3}$$

も根であることがわかる．(問題 2，演習問題[3]および，第 8 章の問題 6 の解を参照)

こうして，体 $\boldsymbol{k}_1$ の体 $\boldsymbol{k}$ 上の自己同型という概念を導入することによって，方程式の根についての知識を正確に得ることができる．この事実はガロアによって発見され，ガロア理論という美しい理論が築かれている．(一般の 5 次以上の方程式は，べき根と加減乗除を使って，方程式の係数から根を導くことはできない事実も，この体の同型の理論をもとにして導かれる．) このガロアの発見は現代数学への決定的な第一歩であったが，この美しい理論の入口で，本書はひとまず終わることとする．

第11章 演習問題

[1]　体 $\boldsymbol{k}$ の零元以外の元全体 $\boldsymbol{k}^{\times}=\{a\in\boldsymbol{k}\mid a\neq 0\}$ は体の積に関して群になること示せ．

[2]　①　群の定義(定義 2)で単位元は唯一つ存在することを示せ．

②　群の定義で逆元は唯一つ存在することを示せ．

[3]　①　$\mathbb{Q}(\sqrt{2},\sqrt{3})$ の元は

$$a+b\sqrt{2}+c\sqrt{3}+d\sqrt{6},\qquad a,b,c,d\in\mathbb{Q}$$

と書かれた．

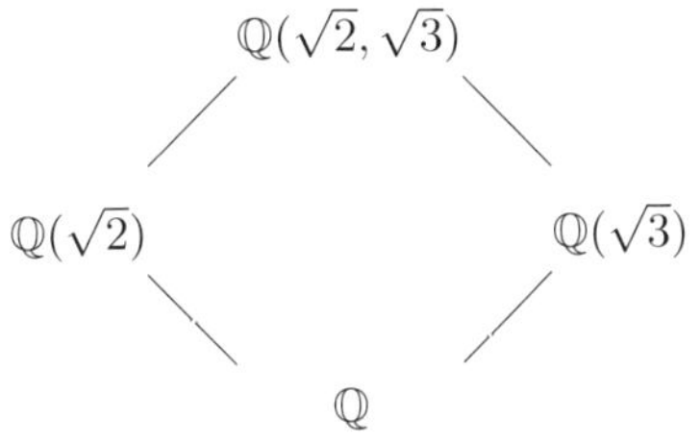

$$\varphi_1(a+b\sqrt{2}+c\sqrt{3}+d\sqrt{6}) = a-b\sqrt{2}+c\sqrt{3}-d\sqrt{6}$$
$$\varphi_2(a+b\sqrt{2}+c\sqrt{3}+d\sqrt{6}) = a+b\sqrt{2}-c\sqrt{3}-d\sqrt{6}$$
$$\varphi_3(a+b\sqrt{2}+c\sqrt{3}+d\sqrt{6}) = a-b\sqrt{2}-c\sqrt{3}+d\sqrt{6}$$

と定めると，$\varphi_1,\varphi_2,\varphi_3$ はすべて $\mathbb{Q}$ 上の $\mathbb{Q}(\sqrt{2},\sqrt{3})$ の自己同型写像であることを示せ．

②　$\mathbb{Q}(\sqrt{2},\sqrt{3})$ の元は

$$A+B\sqrt{3},\qquad A,B\in\mathbb{Q}(\sqrt{2})$$

とも書ける．

$$\varphi(A+B\sqrt{3}) = A-B\sqrt{3}$$

と定めると φ は $\mathbb{Q}(\sqrt{2})$ 上の $\mathbb{Q}(\sqrt{2},\sqrt{3})$ の自己同型写像である．さらに $\varphi=\varphi_2$ であることを示せ．

③　$\mathbb{Q}(\sqrt{2}, \sqrt{3})$ の元は

$$\alpha+\beta\sqrt{3}, \qquad \alpha, \beta \in \mathbb{Q}(\sqrt{3})$$

とも書ける．

$$\psi(\alpha+\beta\sqrt{3}) = \alpha-\beta\sqrt{3}$$

と定めると ψ は $\mathbb{Q}(\sqrt{3})$ 上の $\mathbb{Q}(\sqrt{2}, \sqrt{3})$ の自己同型写像である．さらに $\psi=\varphi_1$ であることを示せ．

さらに学ぶために

本書の内容は

［１］上野健爾『代数入門』，現代数学への入門，岩波書店，2004.

［２］上野健爾『数学の視点』，math stories，東京図書，2010.

と密接に関係しており，たがいに相補う点が多い．

本書第２章，第３章で扱った絶対値と加法付値は数論と代数関数論で重要である．この両者について述べた著書としては英語ではあるが

［３］E. Artin : Algebraic Numbers and Algebraic Functions, AMS Chelsea Publishing, 2005.

が優れている．代数関数論では

［４］岩澤健吉『代数函数論 増補版』岩波書店，1973.

が今なお必読の本である．ただ，付値の取り扱いは，著者自らが述べているように［３］の方が明快である．さらに，本書で述べた付値論の詳しい理論とそのさらなる一般化は

［５］O. Zariski - P. Samuel : Commutative Algebra Ⅱ, Springer, 1960.

に述べられている．また非アルキメデス絶対値による完備化によって生じる p 進体の数論における役割は

［６］A. Weil : Basic Number Theory, Springer, 1995.

に詳述されている．

群，可換環と体の一般論は本書では十分に展開できなかった．これらの話題は［１］で触れられているが，さらに本格的には

［７］桂利行『代数学Ｉ 群と環』，大学数学への入門，東京大学出版会，2004.

が入門書として読みやすいであろう．可換体に関しては

［８］永田雅宜『可換体論』裳華房，1967.

が特色ある著書である．可換環論の大家による著作で，読みごたえはあるが示唆されることが多いであろう．

第５章，第６章で取り扱ったベクトル空間の理論は

［９］佐武一郎『線型代数学』裳華房，1974.

［10］齋藤正彦『線型代数入門』，基礎数学，東京大学出版会，1995.

が標準的な教科書である．ただしこれらの著書は実数体 $\mathbb{R}$ と複素数体 $\mathbb{C}$ 上のベクトル空間しか扱っていない．しかし，$\mathbb{R}$ と $\mathbb{C}$ 上のベクトル空間の理論を理解すれば一般の可換体上のベクトル空間の理論は自ずから理解できる．また可換体上のベ

クトル空間の理論は加群の理論に一般化される．それに関しては

［11］堀田良之『代数入門—群と加群』裳華房，1987.

が優れている．

本書の後半で取り扱った体の拡大とガロア理論に関しては多くの良書がある．

［12］E. Artin『ガロア理論入門』寺田文行 訳，ちくま学芸文庫，2010.

［13］桂利行『代数学Ⅲ 体とガロア理論』，大学数学への入門，東京大学出版会，2005.

は読みやすいであろう．本書で少し述べたラグランジュの理論は[2]に詳しく述べてあり，一般の5次方程式はべき根を使った根の公式がないというアーベルの定理のガロア理論を使わない証明は[1]に述べられている．

演習問題略解

第2章

[1]　必要条件：

数学的帰納法による．$n=1$ のとき $v(1)=1$ より，正しい．n まで正しいとする．したがって $v(n)\leqq 1$．このとき(Ⅲ*)より

$$v(n+1) \leqq \max\{v(n), v(1)\} \leqq \max\{1,1\} = 1.$$

十分条件：

$M=\max\{v(a), v(b)\}$ とおく．二項定理(コラム 7-1)を使い，正整数 ν に対して $v((a+b)^\nu)$ を評価する．二項係数 ${}_\nu C_k$ は正整数より

$$\begin{aligned} v(a+b)^\nu &= v((a+b)^\nu) \\ &= v(a^\nu + {}_\nu C_1 a^{\nu-1}b + {}_\nu C_2 a^{\nu-2}b^2 + \cdots + b^\nu) \\ &\leqq v(a^\nu) + v({}_\nu C_1)\cdot v(a^{\nu-1})\cdot v(b) + v({}_\nu C_2)v(a^{\nu-2})v(b^2) + \cdots + v(b^\nu) \\ &\leqq v(a)^\nu + v(a)^{\nu-1}v(b) + v(a)^{\nu-2}v(b)^2 + \cdots + v(b)^\nu \\ &\leqq (\nu+1)M^\nu. \end{aligned}$$

$v(a+b)\geqq 0$, $M\geqq 0$ より

$$v(a+b) \leqq \sqrt[\nu]{(\nu+1)}M.$$

$\lim_{\nu\to\infty} \sqrt[\nu]{(\nu+1)}=1$ より

$$v(a+b) \leqq M = \max\{v(a), v(b)\}.$$

第3章

[1]

①，②　加法付値の条件(A)，(B)，(C)(第2章，問題7)をみたすことは明らか．

③　w を $\mathbb{C}$ 上自明でない $K=\mathbb{C}(x)$ の加法付値とする．1次以上の多項式 $P(x)\in\mathbb{C}[x]$ はすべて x の1次式の積に因数分解できるので，もし，すべての $\alpha\in\mathbb{C}$ に対して $w(x-\alpha)=0$ であれば，$w(P(x))=0$ となる．したがって，0以外のすべての有理関数 $P(x)/Q(x)$ に対して $w(P(x)/Q(x))=0$ となり，w は自明な加法付値となる．よって $w(x-\alpha)\neq 0$ である $\alpha\in\mathbb{C}$ が存在する．もし $w(x-\alpha)<0$ であれば

$$0 > w(x-\alpha) \geqq \min\{w(x), w(\alpha)\} = \min\{w(x), 0\}$$

より $w(x)<0$ である．$w(x)=-a$, $a>0$ とおくと，$a_1\neq0$, $a_2\neq0$, $\cdots$, $a_n\neq0$ であれば

$$\begin{aligned} w(x^n+a_1x^{n-1}+\cdots+a_{n-1}x+a_n) &\geqq \min\{w(x^n), w(a_1x^{n-1}), \cdots, w(a_{n-1}x), w(a_n)\} \\ &= \min\{-na, -(n-1)a, \cdots, a, 0\} = -na \end{aligned}$$

が成り立ち，第 2 章，問題 9 の最後の等式を使うと

$$w(x^n+a_1x^{n-1}+\cdots+a_{n-1}x+a_n) = -na$$

であることがわかる．これより $w=aw_\infty$ であることがわかる．

一方，$w(x-\alpha)=b>0$ の場合はもし $w(x-\beta)\neq0$ である $\beta\neq\alpha$ が存在したとすると $w(x-\beta)>0$ でなければならない．なぜならば，もし $w(x-\beta)<0$ とすると上で示したことより w は w_∞ と同値であり，$w(x-\alpha)<0$ でなければならないからである．よって $w(x-\beta)>0$. すると

$$\begin{aligned} 0 = w(\beta-\alpha) = w((x-\alpha)-(x-\beta)) &\geqq \min\{w(x-\alpha), w(-(x-\beta)\} \\ &= \min\{w(x-\alpha), w(x-\beta)\} > 0 \end{aligned}$$

となり矛盾する．よって $w(x-\alpha)>0$ である $\alpha\in\mathbb{C}$ は唯一つ決まり，$\beta\neq\alpha$ のとき $w(x-\beta)=0$ である．したがって多項式 $P(x)$ を

$$P(x) = (x-\alpha)^m \prod_{j=2}^{l}(x-\beta_j)^{m_j}, \qquad \beta_j \neq \alpha$$

と因数分解すると

$$w(P(x)) = mw(x-\alpha) = mb$$

であることがわかる．これより $w=bw_\alpha$ がわかる．

第 4 章

[1]　$(0,0)$ が零元，$(1,1)$ が単位元である．$(1,0)\cdot(a,b)=(a,0)$ となるので $(1,0)\cdot(a,b)=(1,1)$ となる (a,b) は存在せず，したがって $(1,0)$ は積に関して逆元を持たない．よって体にならない．

[2]　定数関数 0 が $C(I)$ の零元であり，定数関数 1 が単位元である．$f(x)$ がある点 $a\in I$ で 0 になる，すなわち $f(a)=0$ であれば，$1/f(x)$ は点 a で定義できず，$1/f(x)\notin C(I)$ である．したがって $C(I)$ は体でない．

[3]　$(0,0,0)$ が零元である.

$$(1,1,0)\cdot(1,0,1)=(1,-1,-1)$$
$$(1,0,1)\cdot(1,1,0)=(-1,1,1)$$

より積は可換ではない. この積によって環になることは簡単に確かめられる. もし (a,b,c) が単位元であるとすると $(1,0,0)\cdot(a,b,c)=(1,0,0)$ でなければならないが, 定義にしたがって計算すると $(1,0,0)\cdot(a,b,c)=(0,-c,b)$ となり $(1,0,0)$ とは異なる. したがって単位元を持たない.

[4]　$(0,1)$ が零元, $(1,1)$ が単位元となる. ①から $b\neq0$ のとき $(0,1)=(0,b)$ である. (a,b), $a\neq0$, $b\neq0$ は零元ではなく

$$(a,b)\cdot(b,a)=(ab,ab)=(1,1)$$

となるので (a,b) の逆元は (b,a) である. $a\in A$ に対して $(a,1)$ を対応させる写像 $\varphi: A\longrightarrow \boldsymbol{K}$ は環の単射準同型写像であり, この写像によって A は $\boldsymbol{K}$ に含まれていると考えることができる.

[5]　①　たとえば $\sqrt{D}$ の逆元は $1/\sqrt{D}$ であるが, これは $\mathbb{Z}[\sqrt{D}]$ には含まれない.

②　$n\neq0$ のとき $n\sqrt{D}$ を考えると $a<n\sqrt{D}<a+1$ となる整数 a が唯一つ定まる. したがって $m=-a$ と置けばよい.

[6]　①, ②, ③は容易に示される. $C(0)$ が零元, $C(1)$ が単位元である.

④　p が素数であれば p と整数 $1\leqq n\leqq p-1$ は共通因数を持たないから

$$ap+bn=1$$

をみたす整数 a, b が存在する(第9章, 問題4). このとき

$$C(b)C(n)=C(1)$$

であることがわかり, $C(n)$ の逆元は $C(b)$ である.

第5章

[1]　② ホ)　n に関する帰納法で示す. $n=1$ のときは $f'(x)=0$ であれば $f(x)$ は定数関数であるので主張は正しい. $n=m$ まで主張が正しいとする. ここで $g=f'$ とおくと $g^{(m)}=f^{(m+1)}$. 帰納法の仮定より g は $m-1$ 次以下の多項式である. g は f の導関数であるので, f は m 次以下の多項式になる. したがって主張は $n=m+1$ のときも正しい.

③ ハ)　$L(f_0)=g$, $L(f)=g$ であれば L の線型性より $L(f-f_0)=L(f)-L(f_0)=g-g=0$ となる. したがって $f_1=f-f_0\in\mathrm{Ker}\,L$.

④　$f=x^2/c^2-2/c^4$ とおくと

$$\frac{d^2f}{dx^2}+c^2f=x^2$$

が成り立つ．したがって③ハ)より解は

$$\frac{x^2}{c^2}-\frac{2}{c^4}+\alpha\sin cx+\beta\cos cx$$

となる．

[2]　①ロ)　任意の実数 c に対して $f=\dfrac{c}{n!}x^n$ とおくと $f^{(n)}(0)=c$.

②ハ)　$n\geqq 1$ のとき $g=x^nf$, $f\in\mathcal{E}$ とすると $g^{(k)}(0)=0$, $k=0,1,\cdots,n-1$ が成り立つ．したがって $\mathrm{Im}\,x^n\subset F_n$．逆向きの包含関係を n に関する帰納法で示す．$n=1$ のとき $f\in F_1$, すなわち $\delta^{(0)}(f)=f(0)=0$ と仮定する．このとき

$$\frac{d}{dt}f(tx)=xf'(tx)$$

より

$$x\int_0^1 f'(tx)\,dt=[f(tx)]_0^1=f(x)$$

が成り立つ．

$$g(x)=\int_0^1 f'(tx)\,dt$$

とおくと $g(x)\in\mathcal{E}$ であり，$f(x)=xg(x)$ となり，$f\in\mathrm{Im}\,x$．主張が $n=1$ のときに成り立つことがわかる．

$n=m$ のとき主張が正しいと仮定する．そこで $f\in F_{m+1}$，すなわち $f(0)=f'(0)=\cdots=f^{(m)}(0)=0$ と仮定する．$g(x)=f'(x)$ とおくと $g(0)=g'(0)=\cdots=g^{(m-1)}(0)=0$ が成り立ち，$g\in F_m$．帰納法の仮定により $f'(x)=g(x)=x^mq(x)$, $q\in\mathcal{E}$ と書くことができる．このとき

$$f(x)=x\int_0^1 f'(tx)\,dt=x\int_0^1 t^mx^mq(tx)\,dt=x^{m+1}\int_0^1 t^mq(tx)\,dt$$

となり，$h(x)=\displaystyle\int_0^1 t^mq(tx)dt\in\mathcal{E}$ であり，$f\in\mathrm{Im}\,x^{m+1}$ であることがわかる．よって $n=m+1$ のときも主張は正しいことが示された．

[3]　②　$(a+b,a)=(0,0)$ であれば $a=0$, $b=0$.　また任意の実数 (c,d) に対して $T(x,y)=(x+y,x)=(c,d)$ から，$x=d$, $y=c-d$ が得られるので T は全射.

④　T は同型写像であるので T^n も同型写像．したがって任意の実数 a, b に対して $T(\alpha,\beta)=(a,b)$ となる α, β が存在する．

第6章

[1] ① $\boldsymbol{y}=b_1\cdot\boldsymbol{x}_1+b_2\cdot\boldsymbol{x}_2+\cdots+b_m\cdot\boldsymbol{x}_m$ とすると $\boldsymbol{x}+\boldsymbol{y}=(a_1+b_1)\cdot\boldsymbol{x}_1+(a_2+b_2)\cdot\boldsymbol{x}_2+\cdots+(a_m+b_m)\cdot\boldsymbol{x}_m$ より

$$\varphi_{ij}(\boldsymbol{x}+\boldsymbol{y})=(a_i+b_i)\cdot\boldsymbol{y}_j=a_i\cdot\boldsymbol{y}_j+b_i\cdot\boldsymbol{y}_j=\varphi_{ij}(\boldsymbol{x})+\varphi_{ij}(\boldsymbol{y}).$$

また $\alpha\in\boldsymbol{F}$ に対して

$$\varphi_{ij}(\alpha\boldsymbol{x})=(\alpha a_i)\cdot\boldsymbol{y}_j=\alpha\cdot(a_i\cdot\boldsymbol{y}_j)=\alpha\varphi_{ij}(\boldsymbol{x}).$$

② 任意の $\boldsymbol{x}=a_1\cdot\boldsymbol{x}_1+a_2\cdot\boldsymbol{x}_2+\cdots+a_m\cdot\boldsymbol{x}_m$ に対して

$$\varphi(\boldsymbol{x})=\sum_{i=1}^m a_i\varphi(\boldsymbol{x}_i)=\sum_{i=1}^m a_i\sum_{j=1}^n a_{ij}\cdot\boldsymbol{y}_j=\sum_{i=1}^m\sum_{j=1}^n a_{ij}a_i\cdot\boldsymbol{y}_j=\sum_{i=1}^m\sum_{j=1}^n a_{ij}\varphi_{ij}(\boldsymbol{x})$$

したがって $\varphi=\sum_{i=1}^m\sum_{j=1}^n a_{ij}\varphi_{ij}$.

また，$\psi\in\mathrm{Hom}_{\boldsymbol{F}}(\boldsymbol{V},\boldsymbol{W})$ が

$$\psi(\boldsymbol{x})=\sum_{i=1}^m\sum_{j=1}^n b_{ij}\varphi_{ij}(\boldsymbol{x})$$

であれば，$\alpha\in\boldsymbol{F}$ に対して

$$(\varphi+\psi)(\boldsymbol{x})=\sum_{i=1}^m\sum_{j=1}^n(a_{ij}+b_{ij})\cdot\varphi_{ij}(\boldsymbol{x})$$
$$\alpha\varphi(\boldsymbol{x})=\sum_{i=1}^m\sum_{j=1}^n(\alpha a_{ij})\cdot\varphi_{ij}(\boldsymbol{x})$$

したがって $\varphi\longmapsto(a_{ij})$ は $\mathrm{Hom}_{\boldsymbol{F}}(\boldsymbol{V},\boldsymbol{W})$ から $\boldsymbol{M}(m,n)$ への線型写像である．同型写像であることは容易にわかる．

第7章

[1] α は $\boldsymbol{k}_1$ 係数のある多項式 $F(x)$ に対して $F(\alpha)=0$ となるが，$F(X)$ を $\boldsymbol{k}_2$ 係数の多項式と考えることもできるので $\boldsymbol{k}_2$ 上も代数的である．α の $\boldsymbol{k}_1$ 上の最小多項式 $G_1(X)$ を $\boldsymbol{k}_2$ 係数の多項式と考えると，問題 5 ②より $G_1(X)$ は α の $\boldsymbol{k}_2$ 上の最小多項式 $G_2(X)$ で割りきれる．

[2] $\alpha^2=\dfrac{1}{2}(1+i)^2=i$ である．したがって α^2 の $\mathbb{Q}$ 上の最小多項式は X^2+1 であり，これより α の $\mathbb{Q}$ 上の最小多項式は X^4+1 である．また $\mathbb{Q}(i)$ 上の最小多項式は X^2-i である．

[3] $\alpha^{-1}=\dfrac{\sqrt{2}}{1+i}=\dfrac{\sqrt{2}(1-i)}{(1+i)(1-i)}=\dfrac{1-i}{\sqrt{2}}$ より $\alpha^{-1}+\alpha=\sqrt{2}$ が成り立つ．したがって $\sqrt{2}\in\mathbb{Q}(\alpha)$．また $\alpha^2=i$ より $i\in\mathbb{Q}(\alpha)$．したがって $\mathbb{Q}(\sqrt{2},i)\subset\mathbb{Q}(\alpha)$.

[4]　$\alpha-\dfrac{1}{\sqrt{2}}=\dfrac{i}{\sqrt{2}}$ より $\left(\alpha-\dfrac{1}{\sqrt{2}}\right)^2=-\dfrac{1}{2}$. したがって α は多項式

$$\left(X-\frac{1}{\sqrt{2}}\right)^2+\frac{1}{2}=X^2-\sqrt{2}X+1$$

の根である．この多項式は $\mathbb{Q}(\sqrt{2})$ を係数とする多項式であり，$\alpha\notin\mathbb{Q}(\sqrt{2})$ よりこの多項式が α の $\mathbb{Q}(\sqrt{2})$ 上の最小多項式であることがわかる．

第8章

[1]　①　まず

$$(\alpha+\beta)^{p^i}=\alpha^{p^i}+\beta^{p^i}$$

を i に関する帰納法で示す．$i=1$ のときは第7章の問題4で示した．$i=j$ のときまで正しいと仮定する．$i=j$ と $i=1$ の結果を使うと

$$(\alpha+\beta)^{p^{j+1}}=\{\alpha+\beta)^{p^j}\}^p=\{\alpha^{p^j}+\beta^{p^j}\}^p=(\alpha^{p^j})^p+(\beta^{p^j})^p=\alpha^{p^{j+1}}+\beta^{p^{j+1}}$$

となり，$i=j+1$ のときも正しいことがわかる．次に項数を増やして

$$(\alpha_1+\alpha_2+\cdots+\alpha_n)^{p^i}=\alpha_1^{p^i}+\alpha_2^{p^i}+\cdots+\alpha_n^{p^i}$$

を n に関する帰納法で示す．$n=2$ のときは上で示した．$n=m$ まで正しいと仮定する．

$$\begin{aligned}(\alpha_1+\alpha_2+\cdots+\alpha_m+\alpha_{m+1})^{p^i}&=\{(\alpha_1+\alpha_2+\cdots+\alpha_n)+\alpha_{m+1}\}^{p^i}\\&=(\alpha_1+\alpha_2+\cdots+\alpha_n)^{p^i}+\alpha_{m+1}^{p^i}\\&=\alpha_1^{p^i}+\alpha_2^{p^i}+\cdots+\alpha_n^{p^i}+\alpha_{m+1}^{p^i}\end{aligned}$$

より $n=m+1$ も正しいことがわかる．

②　$a^p=\alpha$ とすると $p=2$ のときは $-1=1$ より，$p\geqq 3$ のときは p は奇数であるので

$$(X-a)^p=X^p+(-\alpha)^p=X^p-a^p=X^p-\alpha$$

したがって $X^p-\alpha=0$ は p 乗根を持つ．

[2]　①，②　ω は方程式 $X^2+X+1=0$ の根であり，$\omega=\dfrac{-1\pm\sqrt{3}i}{2}$ であるので $\mathbb{Q}(\sqrt{3}i)$ は $\mathbb{Q}$ の2次拡大であり，$\mathbb{Q}(\omega)=\mathbb{Q}(\sqrt{3}i)$.

③　$\mathbb{Q}(\sqrt{3},i)$ は $\mathbb{Q}$ の4次拡大である(問題8を参照)．$\mathbb{Q}(\omega)$ は $\mathbb{Q}$ の2次拡大である．$\mathbb{Q}(\sqrt{3},i)$ は $\mathbb{Q}(\omega)$ の d 次拡大であるとすると定理4より $\mathbb{Q}(\sqrt{3},i)$ は $\mathbb{Q}$ の $2d$ 次拡大である．一方，問題8より $\mathbb{Q}(\sqrt{3},i)$ は $\mathbb{Q}$ の4次拡大である．したがって

$2d=4$ より $d=2$.

④

$$\begin{aligned} G(\alpha, \mathbb{Q}; X) &= (X-\sqrt{3}-i)(X+\sqrt{3}-i)(X-\sqrt{3}+i)(X+\sqrt{3}+i) \\ &= X^4-4X^2+16 \end{aligned}$$

の因子であることを使う.

$$\begin{aligned} G(\alpha, \mathbb{Q}(\sqrt{3}); X) &= (X-\sqrt{3}-i)(X-\sqrt{3}+i) \\ &= (X-\sqrt{3})^2+1 = X^2-2\sqrt{3}X+4 \\ G(\alpha, \mathbb{Q}(\,i\,); X) &= (X-\sqrt{3}-i)(X+\sqrt{3}-i) \\ &= (X-i)^2-3 = X^2-2iX-4 \\ G(\alpha, \mathbb{Q}(\omega); X) &= (X-\sqrt{3}-i)(X+\sqrt{3}+i) \\ &= X^2-(\sqrt{3}+i)^2 = X^2-4(1+\omega) \end{aligned}$$

ただし，最後の式は $\omega=\dfrac{-1+\sqrt{3}i}{2}$ として計算した.

⑤　$\mathbb{Q}(\sqrt{3}, \omega)=\mathbb{Q}(\sqrt{3}, i)$ より $\mathbb{Q}(\sqrt{3}, \omega)$ は $\mathbb{Q}$ 上 4 次の拡大である．$\mathbb{Q}(\sqrt{3}, \omega)$ は $\mathbb{Q}(\omega)$ の 2 次拡大であり，$\mathbb{Q}(\omega)$ 上の底として $1, \sqrt{3}$ がとれる．また $\mathbb{Q}(\omega)$ の $\mathbb{Q}$ 上の底として $1, \omega$ をとることができ，定理 5 より 1, $\sqrt{3}$, ω, $\sqrt{3}\omega$ は $\mathbb{Q}(\sqrt{3}, \omega)$ の $\mathbb{Q}$ 上の底である.

[3]　①，②　ド・モアブルの定理

$$(\cos\theta+i\sin\theta)^n = \cos n\theta+i\sin n\theta$$

より $\alpha^8=1$．また $\alpha^4=-1$．したがって α は $X^4+1=0$ の根であり，1, α, α^2, α^3, α^4 は一次従属.

③，④　X^4+1 は $\mathbb{Q}$ 上既約であるので $\mathbb{Q}(\alpha)$ は $\mathbb{Q}$ の 4 次拡大．$G(\alpha, \mathbb{Q};\, X)=X^4+1$.

⑤　$\alpha^2=\cos\dfrac{\pi}{2}+i\sin\dfrac{\pi}{2}=i$ より $i\in\mathbb{Q}(\alpha)$．また α の実部は $\cos\dfrac{\pi}{4}>0$ であるので $X^2=i$ を解いて $\alpha=\dfrac{1+i}{\sqrt{2}}$ である．したがって $\sqrt{2}\in\mathbb{Q}(\alpha)$.

⑥　⑤より $\mathbb{Q}(\sqrt{2}, i)\subset\mathbb{Q}(\alpha)$．一方，$\alpha=\dfrac{1+i}{\sqrt{2}}$ より $\alpha\in\mathbb{Q}(\sqrt{2}, i)$．したがって $\mathbb{Q}(\alpha)\subset\mathbb{Q}(\sqrt{2}, i)$.

⑦　$\alpha^2=i$ と $\alpha=\dfrac{1+i}{\sqrt{2}}$ より $\alpha^2-\sqrt{2}\alpha+1=0$．これより α は $X^2-\sqrt{2}X+1$ の根．$\mathbb{Q}(\sqrt{2}, i)\neq\mathbb{Q}(\sqrt{2})$ であるので $X^2-\sqrt{2}X+1$ が α の $\mathbb{Q}(\sqrt{2})$ 上の最小多項式.

[4]　①　$\mathbb{Q}(\sqrt{3}, \sqrt{5}, \sqrt{7})$ は $\mathbb{Q}$ 上 8 次拡大体であり，$\mathbb{Q}$ 上のベクトル空間の底とし

て 1, $\sqrt{3}$, $\sqrt{5}$, $\sqrt{7}$, $\sqrt{15}$, $\sqrt{21}$, $\sqrt{35}$, $\sqrt{105}$ がとれるので結論が得られる(問題では底の一部をとっている).

② $\alpha-(\sqrt{3}+\sqrt{5})=\sqrt{7}$. 両辺を 2 乗して $\alpha^2-2(\sqrt{3}+\sqrt{5})\alpha+1+2\sqrt{15}=0$. これより $\alpha^2+1-2\sqrt{3}\alpha=2\sqrt{5}(\alpha-\sqrt{3})$. 再び両辺を 2 乗して整理すると $\alpha^4-6\alpha^2-59=4\sqrt{3}\alpha(\alpha^2-9)$ を得る. この両辺を 2 乗すると $(\alpha^4-6\alpha^2-59)^2=48\alpha^2(\alpha^2-9)^2$ を得る. したがって

$$\begin{aligned} G(\alpha,\mathbb{Q};X) &= (X^4-6X^2-59)^2-48X^2(X^2-9)^2 \\ &= x^8-60x^6+782x^4-3180x^2+3481. \end{aligned}$$

③ ②より $\mathbb{Q}(\alpha)$ は $\mathbb{Q}$ の 8 次拡大であるので α^j, $j=0, 1, \cdots, 7$ が $\mathbb{Q}$ 上のベクトル空間としての $\mathbb{Q}(\alpha)$ の底である. したがってその一部分も一次独立である.

④ $\mathbb{Q}(\alpha)\subset\mathbb{Q}(\sqrt{3},\sqrt{5},\sqrt{7})$ であり, 両者は共に $\mathbb{Q}$ の 8 次の拡大であるので, 両者は一致する. また⑤の計算を使って $\sqrt{3}$, $\sqrt{5}$, $\sqrt{7}\in\mathbb{Q}(\alpha)$ を直接示すこともできる.

⑤ ②の計算より

$$\begin{aligned} \sqrt{3} &= \frac{\alpha^4-6\alpha^2-59}{4\alpha(\alpha^2-9)} \\ \sqrt{5} &= \frac{\alpha^2-2\sqrt{3}\alpha+1}{2(\alpha-\sqrt{3})} = \frac{\alpha^5-10\alpha^3+41\alpha}{3\alpha^4-30\alpha^2+59} \\ \sqrt{7} &= \alpha-\sqrt{3}-\sqrt{5} = \frac{5\alpha^8-104\alpha^6+730\alpha^4-2064\alpha^2+3481}{4\alpha(\alpha^2-9)(3\alpha^4-30\alpha^2+59)}. \end{aligned}$$

[5] ①, ② ド・モアブルの定理によって $\zeta^{17}=1$. よって ζ は $X^{17}-1$ の根であるが $\zeta\neq1$ であるので $X^{16}+X^{15}+\cdots+X+1$ の根である. この方程式は $\mathbb{Q}$ 上既約であるので $\mathbb{Q}$ 上の ζ の最小多項式 $G(\zeta,\mathbb{Q};X)$ である.

③ $(\zeta^i)^{17}=1$ であり, $1\leqq i\leqq16$ のとき $\zeta\neq1$ であるので $G(\zeta,\mathbb{Q};X)$ の根である.

④ 明らか.

⑤ ④より $\eta_0+\eta_1=-1$, また直接の計算により $\eta_0\eta_1=-4$.

$\xi=\cos\theta+i\sin\theta$ のとき $\xi^{-1}=\cos\theta-i\sin\theta$ となり, $\xi+\xi^{-1}=2\cos\theta$ である. また, $\cos\theta$ は $\theta=0$ から $\theta=\pi$ までは単調減少である. また $\cos(\pi-\theta)=-\cos\theta$ であることに注意する.

$$\begin{aligned} \zeta+\zeta^{-1} &= 2\cos\frac{2\pi}{17} > 2\cos\frac{\pi}{6} = \frac{\sqrt{3}}{2} \\ \zeta^2+\zeta^{-2} &= 2\cos\frac{4\pi}{17} > 2\cos\frac{\pi}{3} = 1 \\ \zeta^4+\zeta^{-4} &= 2\cos\frac{8\pi}{17} = \cos\frac{\pi}{2} > 0 \end{aligned}$$

$$\zeta^8+\zeta^{-8}=2\cos\frac{16\pi}{17}>-1$$

これより $\eta_0>0$．したがって

$$\eta_0=\frac{-1+\sqrt{17}}{2},\qquad \eta_1=\frac{-1-\sqrt{17}}{2}.$$

⑥ 直接の計算により

$$\xi_0+\xi_2=\eta_0,\qquad \xi_1+\xi_3=\eta_1$$
$$\xi_0\xi_1=-1,\qquad \xi_1\xi_3=-1$$

がわかる．

$$\begin{aligned}\xi_0&=(\zeta+\zeta^{-1})+(\zeta^4+\zeta^{-4})>0,\\ \xi_1&=(\zeta^3+\zeta^{-3})+(\zeta^5+\zeta^{-5})\\ &=2\left(\cos\frac{6\pi}{17}+\cos\frac{10\pi}{17}\right)=2\left(\cos\frac{6\pi}{17}-\cos\frac{7\pi}{17}\right)>0.\end{aligned}$$

したがって

$$\xi_0=\frac{1}{2}(\eta_0+\sqrt{\eta_0^2+4})=\frac{1}{2}\left(-\frac{1}{2}+\frac{\sqrt{17}}{2}+\sqrt{\frac{17-\sqrt{17}}{2}}\right)$$

$$\xi_2=\frac{1}{2}(\eta_0-\sqrt{\eta_0^2+4})=\frac{1}{2}\left(-\frac{1}{2}+\frac{\sqrt{17}}{2}-\sqrt{\frac{17-\sqrt{17}}{2}}\right)$$

$$\xi_1=\frac{1}{2}(\eta_1+\sqrt{\eta_1^2+4})=\frac{1}{2}\left(-\frac{1}{2}-\frac{\sqrt{17}}{2}+\sqrt{\frac{17+\sqrt{17}}{2}}\right)$$

$$\xi_3=\frac{1}{2}(\eta_1-\sqrt{\eta_1^2+4})=\frac{1}{2}\left(-\frac{1}{2}-\frac{\sqrt{17}}{2}-\sqrt{\frac{17+\sqrt{17}}{2}}\right)$$

⑦

$$\lambda^{(1)}=2\cos\frac{2\pi}{17}>2\cos\frac{8\pi}{17}=\lambda^{(4)}$$

より

$$\begin{aligned}\lambda^{(1)}&=\frac{1}{2}\left(\xi_0+\sqrt{\xi_0^2+4\xi_1}\right)\\ &=\frac{1}{2}\left(-\frac{1}{2}+\frac{\sqrt{17}}{2}+\sqrt{\frac{17-\sqrt{17}}{2}}\right)\end{aligned}$$

$$+\sqrt{\frac{1}{4}(9-5\sqrt{17})+(\sqrt{17}-1)\sqrt{\frac{17-\sqrt{17}}{2}}+4\sqrt{\frac{17+\sqrt{17}}{2}}}$$

$$\lambda^{(4)} = \frac{1}{2}\left(\xi_0-\sqrt{\xi_0^2+4\xi_1}\right)$$

$$= \frac{1}{2}\left(-\frac{1}{2}+\frac{\sqrt{17}}{2}+\sqrt{\frac{17-\sqrt{17}}{2}}\right.$$

$$\left.-\sqrt{\frac{1}{4}(9-5\sqrt{17})+(\sqrt{17}-1)\sqrt{\frac{17-\sqrt{17}}{2}}+4\sqrt{\frac{17+\sqrt{17}}{2}}}\right)$$

第９章

［1］ ①

$$C(2)\cdot C(3) = C(6) = C(0).$$

② $C(3)\neq C(0)$, $C(7)\neq C(0)$ であるが

$$C(3)\cdot C(7) = C(21) = C(0).$$

［2］ ①，② $C(2)\cdot C(3)=C(6)=C(1)$, $C(4)\cdot C(4)=C(16)=C(1)$ より $\mathbb{Z}/(5)$ は零因子を持たない．また $C(2)$ の逆元は $C(3)$，$C(3)$ の逆元は $C(2)$，$C(4)$ の逆元は $C(4)$ であり，$\mathbb{Z}/(5)$ は体である．

［3］ 零因子は逆元を持たない．なぜならば $C(m)\neq C(0)$, $C(n)\neq C(0)$ で

$$C(m)\cdot C(n) = C(0)$$

とするときに，もし $C(m)$ が逆元 $C(m)^{-1}$ を持てば，上式の両辺に $C(m)^{-1}$ を掛けると

$$C(n) = C(0)$$

となり仮定に反する．

［4］ $n=n_1\cdot n_2$, $n_1\geqq 2$, $n_2\geqq 2$ と分解すると $C(n_1)\neq C(0)$, $C(n_2)\neq C(0)$．このとき

$$C(n_1)\cdot C(n_2) = C(n) = C(0)$$

となり，$C(n_1)$, $C(n_2)$ は零因子である．

［5］ $C(m)\neq C(0)$ であれば m は p の倍数でない．p は素数であるので m と p は共通因数を持たない．したがって問題 4 より

$$mn+pl = 1$$

をみたす整数 n, l が存在する．これより

$$C(m)C(n) = C(1)$$

となり $C(m)$ は逆元を持つ．したがって $\mathbb{Z}/(p)$ は体である．

第10章

[1] $f(X)$ を $X-\alpha$ で割ると

$$f(X) = (X-\alpha)g(X)+\beta, \qquad \beta \in \boldsymbol{k}$$

となる．X に α を代入すると $0=\beta$ であることがわかる．

[2] 第7章の問題4より

$$(\alpha+\overline{m})^p = \alpha^p+\overline{m}^p$$

であることがわかる．したがって

$$(\alpha+\overline{m})^p-(\alpha+\overline{m})+1 = (\alpha^p-\alpha+1)+\overline{m}^p-\overline{m} = \overline{m}^p-\overline{m}$$

となる．そこで

$$\overline{m}^p-\overline{m} = \overline{0}$$

であることを示せばよい．第8章の演習問題[1]より

$$\overline{m}^p = (\underbrace{\overline{1}+\overline{1}+\cdots+\overline{1}}_{m})^p = \underbrace{\overline{1}^p+\overline{1}^p+\cdots+\overline{1}^p}_{m} = \underbrace{\overline{1}+\overline{1}+\cdots+\overline{1}}_{m} = \overline{m}$$

が成り立つことがわかる．

[3] $\mathbb{F}_5$ では

$$\overline{2}^2 = \overline{4}, \quad \overline{3}^2 = \overline{4}, \quad \overline{4}^2 = \overline{1}$$

であるので，$\mathbb{F}_5$ 内には $X^2-\overline{2}$ の根は存在しない．$\mathbb{F}_{11}$ では

$$\overline{2}^2 = \overline{4}, \quad \overline{3}^2 = \overline{9}, \quad \overline{4}^2 = \overline{5}, \quad \overline{5}^2 = \overline{3}, \quad \overline{6}^2 = \overline{3},$$
$$\overline{7}^2 = \overline{5}, \quad \overline{8}^2 = \overline{9}, \quad \overline{9}^2 = \overline{4}, \quad \overline{10}^2 = \overline{1}$$

であるので，$\mathbb{F}_{11}$ 内には $X^2-\overline{2}$ の根は存在しない．一方，$\mathbb{F}_7$ では $\overline{3}^2=\overline{2}$ が成り立ち，

$$X^2-\overline{2}=(X-\overline{3})(X+\overline{3})$$

と因数分解ができる．

[4] ① $\mathbb{R}(\omega)=\mathbb{R}(i)=\mathbb{C}$.

② ω は $X^2+X+1=0$ の根であり，この2次方程式は実数根を持たないので X^2+X+1 は $\mathbb{R}[X]$ の既約多項式である．問題3より $\mathbb{R}[X]/(X^2+X+1)$ は $\mathbb{R}$ の2次拡大体である．$\mathbb{R}$ の拡大体は $\mathbb{R}$ か $\mathbb{C}$ しか存在しないので $\mathbb{R}[X]/(X^2+X+1)$ は複素数体 $\mathbb{C}$ と同型である．あるいは写像

$$\begin{array}{rccc}\psi: \mathbb{R}[X]/(X^2+X+1) & \longrightarrow & \mathbb{R}(\omega) \\ \overline{f(X)} & \longmapsto & f(\omega)\end{array}$$

は同型写像であることから直接示すこともできる．

第11章

[1] $a, b\in\boldsymbol{k}^\times$ に対して $ab\in\boldsymbol{k}^\times$．体 $\boldsymbol{K}$ の単位元を1と記すと，$a\cdot 1=a$ より1が $\boldsymbol{k}^\times$ の単位元となる．また体での a の逆元を a^{-1} と記すと $aa^{-1}=a^{-1}a=1$ となり a^{-1} が a の群としての逆元になる．

[2] ① 群 G の単位元を e と記す．他にも単位元 e' があったとする．e が単位元であることより $e'e=e'$．一方，e' が単位元であることより $e'e=e$．したがって $e'=e'e=e$ が成り立つ．

② $gh=hg=e, gh'=h'g=e$ であったとする．このとき

$$h'=h'e=h'(gh)=(h'g)h=eh=h$$

が成り立つ．

[3] ① 直接計算することによって φ_j，$j=1, 2, 3$ が $\mathbb{Q}(\sqrt{2}, \sqrt{3})$ の $\mathbb{Q}$ 上の自己同型であることがわかる．②，③も同様．

上野健爾

1945 年生まれ．1968 年東京大学理学部数学科卒業．現在，四日市大学関孝和研究所所長．京都大学名誉教授．専門は複素多様体論．

数学者的思考トレーニング　代数編

2010 年 7 月 28 日　第 1 刷発行

うえのけんじ
著　者　上野健爾

発行者　山口昭男

発行所　株式会社 岩波書店
〒101-8002 東京都千代田区一ツ橋 2-5-5
電話案内 03-5210-4000
http://www.iwanami.co.jp/

印刷製本・法令印刷

ISBN 978-4-00-005535-2　　Printed in Japan